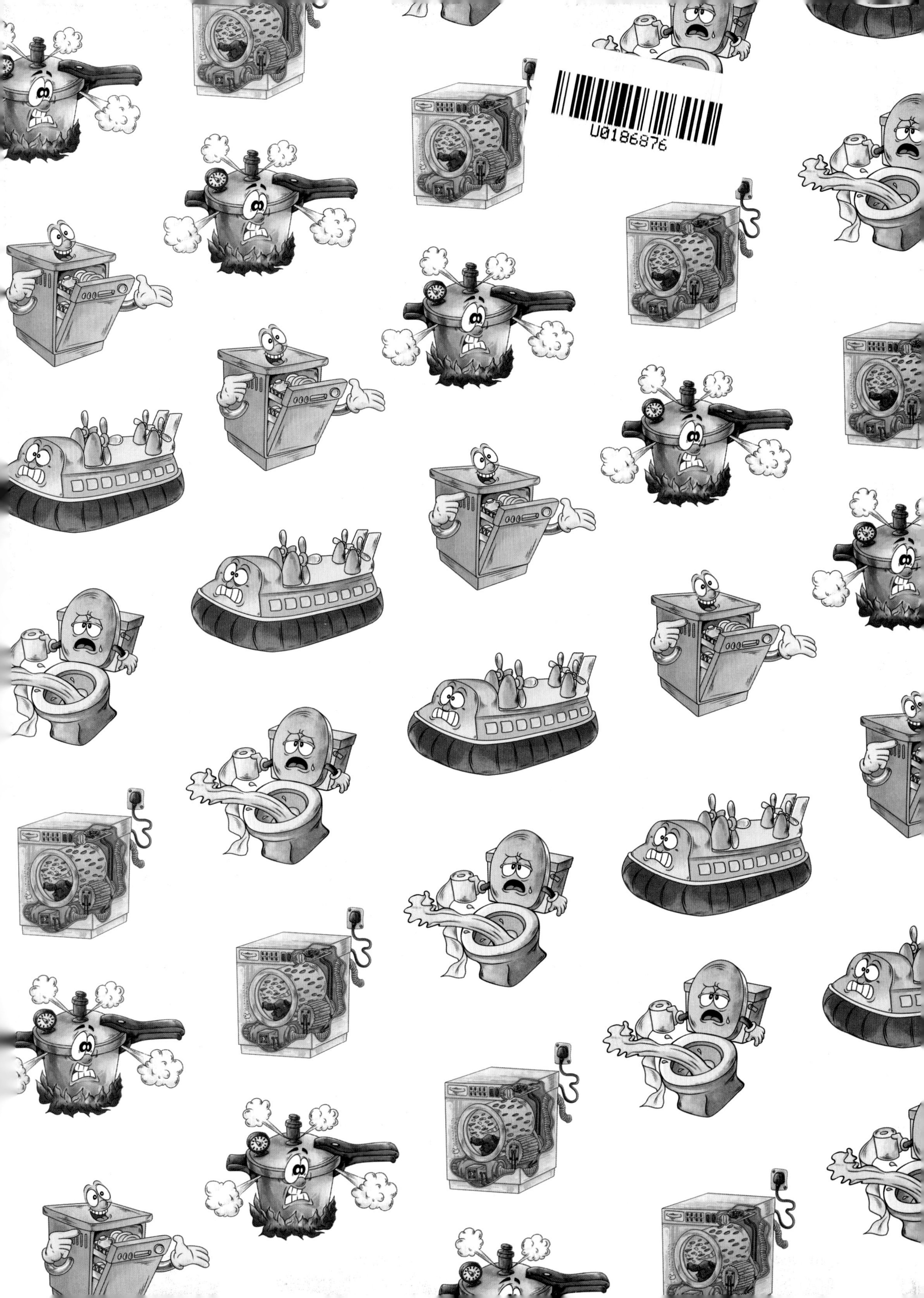

我的第一本
物理
启蒙书
升级篇
冰河 编著
中国和平出版社
China Peace Publishing House

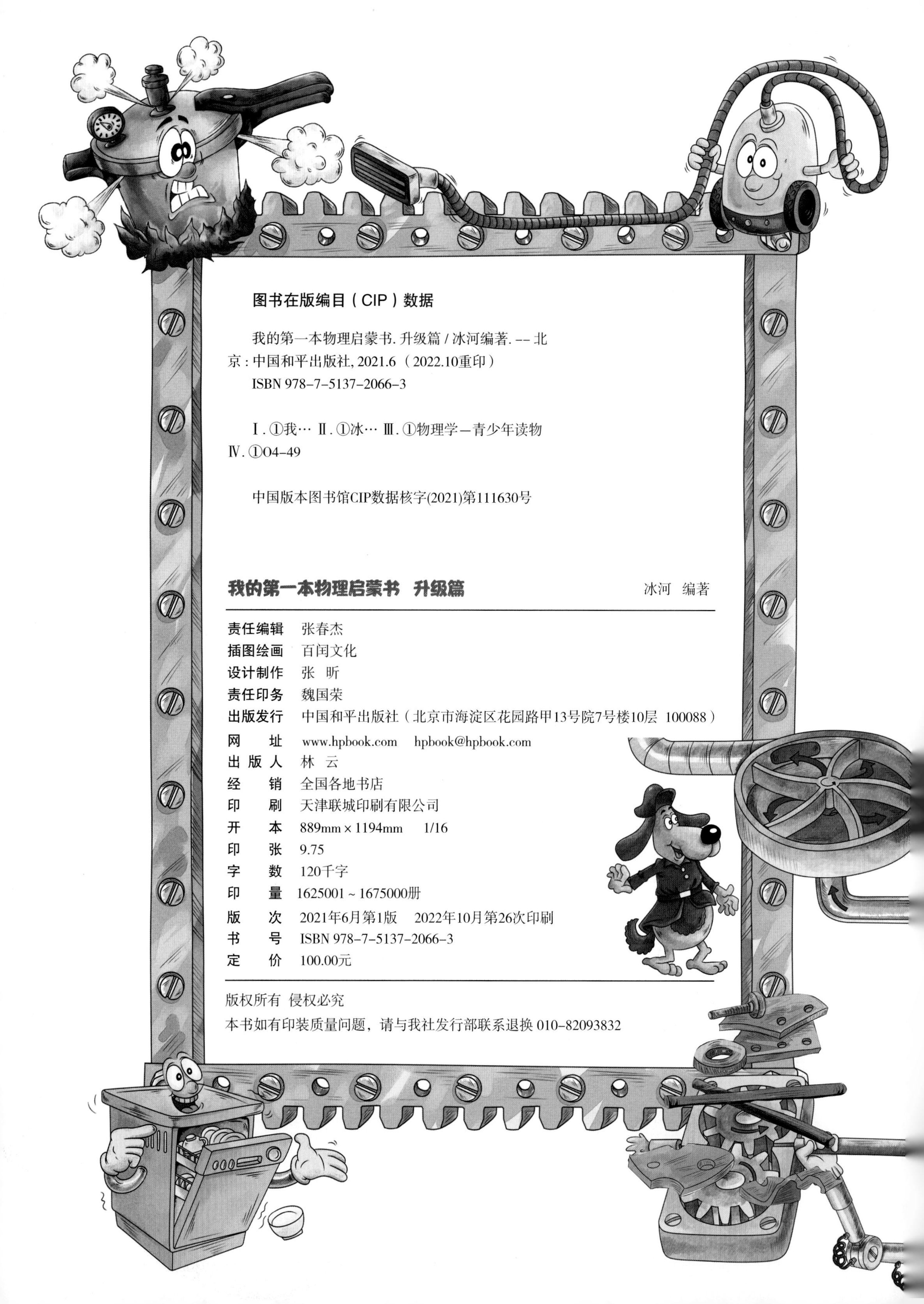

图书在版编目（CIP）数据

我的第一本物理启蒙书. 升级篇 / 冰河编著. -- 北京：中国和平出版社, 2021.6（2022.10重印）
ISBN 978-7-5137-2066-3

Ⅰ. ①我… Ⅱ. ①冰… Ⅲ. ①物理学–青少年读物
Ⅳ. ①O4-49

中国版本图书馆CIP数据核字(2021)第111630号

我的第一本物理启蒙书　升级篇　　冰河　编著

责任编辑	张春杰
插图绘画	百闻文化
设计制作	张　昕
责任印务	魏国荣
出版发行	中国和平出版社（北京市海淀区花园路甲13号院7号楼10层　100088）
网　　址	www.hpbook.com　　hpbook@hpbook.com
出 版 人	林　云
经　　销	全国各地书店
印　　刷	天津联城印刷有限公司
开　　本	889mm × 1194mm　　1/16
印　　张	9.75
字　　数	120千字
印　　量	1625001 ~ 1675000册
版　　次	2021年6月第1版　　2022年10月第26次印刷
书　　号	ISBN 978-7-5137-2066-3
定　　价	100.00元

目 录

科学，会不会让你感到冷冰冰的？那些枯燥难懂的知识点，一点儿都不好玩，你是不是都懒得理它们？这本书里，不仅有生动易懂的文字，还有一幅幅精美细腻的插图。精细的内部示意图和夸张的绘画造型巧妙地结合，使孩子们在不知不觉中就能掌握生活中的各种物理原理。

力、热、声、光、电和磁这些原理是不是很神奇，在这里会让你喜欢上它。接下来让我们一起走进《我的第一本物理启蒙书》吧。

消防车

水罐式消防车是个大家伙，它有个大大的水箱和长长的水管，可以把水喷到远处。它为什么有这个本领呢？原来，消防车里有个大消防泵，消防泵运转后，里面的叶轮会高速旋转，像转动的雨伞一样往外甩小水滴，从而产生很强的离心力，再经过复杂的过程，把水提到水泵出口处，再通过水管，由高压喷嘴喷射到火灾现场。

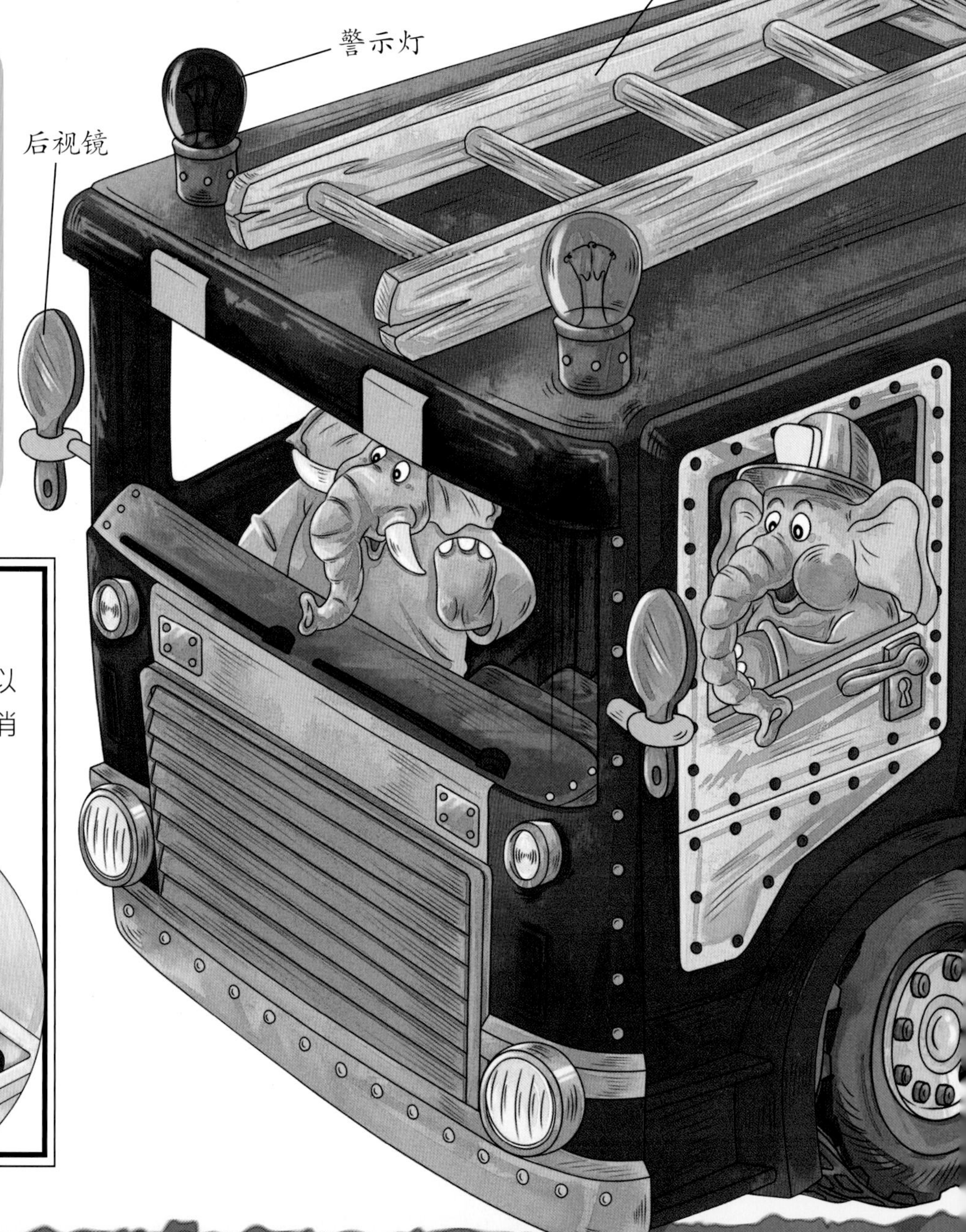

消防车的颜色是最醒目的红色。这样马路上的人们可以很快发现它的身影，赶快让路，消防车才能尽快赶到火灾现场抢险救援。

水泵

水泵的吸水器还可以从外部水源抽水，比如消火栓、游泳池、湖泊等。

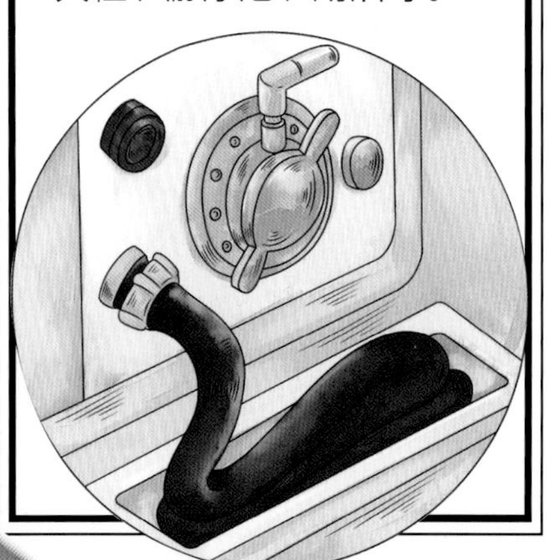

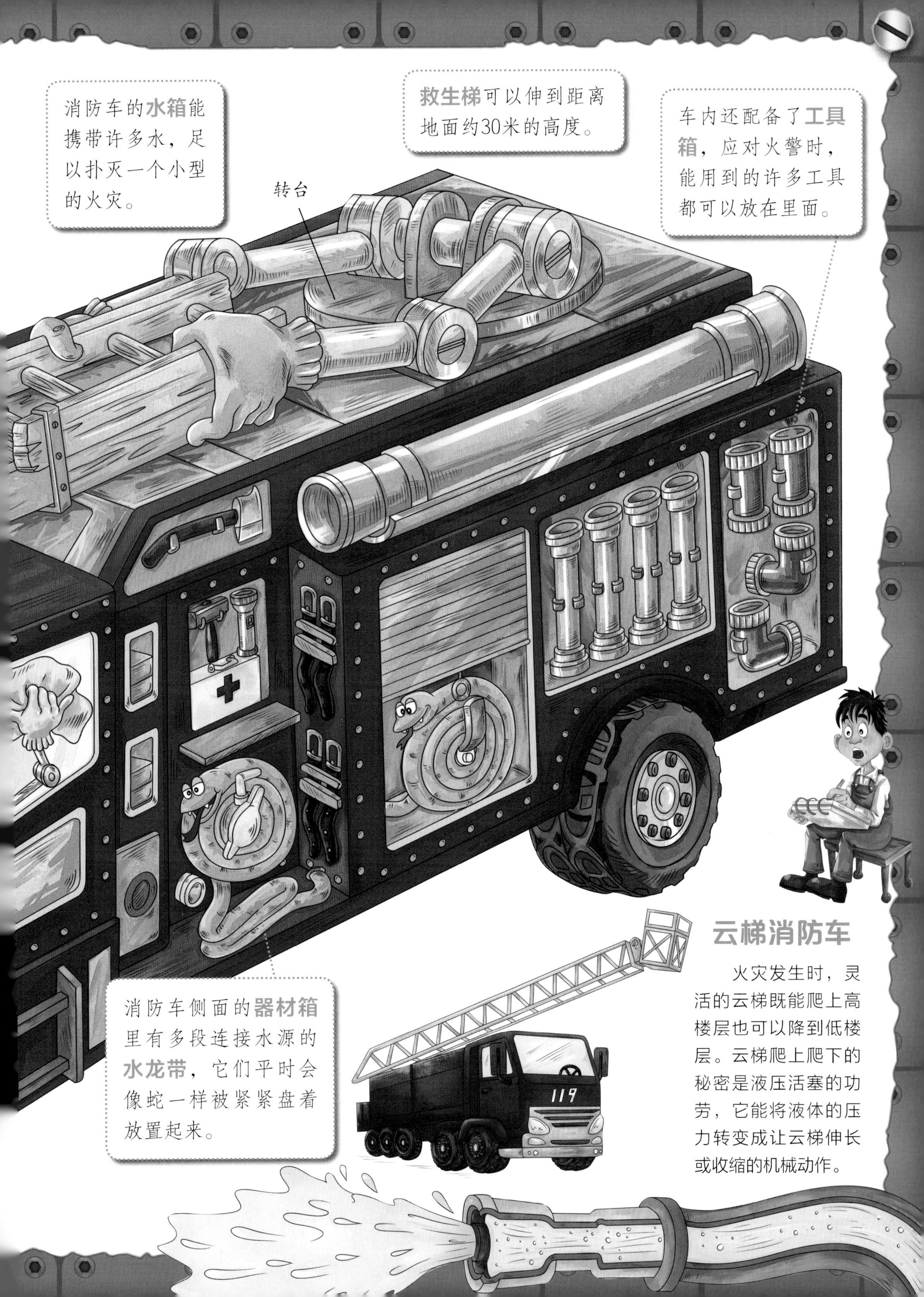

云梯消防车

火灾发生时，灵活的云梯既能爬上高楼层也可以降到低楼层。云梯爬上爬下的秘密是液压活塞的功劳，它能将液体的压力转变成让云梯伸长或收缩的机械动作。

汽车的刹车

行驶中的汽车遇到突发情况时，司机会踩刹车，以便让汽车减速或停下来。汽车的这个刹车系统由两个以上的液压缸组成，液压缸之间由填充着液体的导管连接，每个液压缸都有一个活塞，通过活塞的移动，可以达到刹车的目的。

在**鼓式刹车系统中，**当脚踩住**刹车踏板**时，刹车踏板移动主液压缸内的活塞，整个刹车系统中的刹车液压力增大。

高压状态下的**刹车液**将车轮液压缸内的活塞向前推，使**刹车蹄**压向刹车轮毂，用强大的摩擦力使汽车减速。

刹车液存储室

活塞

主液压缸

车轮液压缸

高压刹车液

刹车垫

活塞

车轮液压缸

刹车轮毂

弹簧

刹车盘

刹车蹄

刹车踏板

汽车上的**液压刹车系统**就应用到了液压机的原理。

圆盘式刹车装置适合安装到需要较大刹车能力的汽车前轮或全部的车轮。

刹车垫

圆箍

刹车盘

圆盘式刹车系统的液压装置内，刹车液的压力使**刹车垫**作用在刹车盘上。踩下刹车踏板，**圆箍**就会收紧刹车垫，夹住刹车盘，使车轮慢下来。

液压机的运作原理与杠杆和齿轮相同：液压缸越宽，产生的力就越大，移动距离也越短。相反液压缸越窄，移动距离越长，产生的力越小。

挖掘机的升降臂和拉杆都是利用液压扬升机工作的。

推土机装斗上的小型液压扬升杆代替了传统的齿轮传动装置。

洗碗机

“吱吱……”厨房里传来洗碗机的声音，洗碗机正在工作呢！它工作的奥秘是利用了液压原理。洗碗机内有个密闭的水管，水的压力由活塞泵提高后，水流遇到洗碗机上面细小喷嘴的阻力，从喷嘴喷射出去，这样就能清洗碗碟啦！

洗碗机使用加压的热水，既可以给喷头提供动力，又可以发挥本身的清洗作用。

水以**超强喷射流**的形式从各个方向喷出，这样才能喷淋到所有的碗碟和器皿。

洗碗机是怎样工作的?

①开启按钮后，洗碗机的加热器会将流入的水加热并添加清洁剂。然后洗涤泵产生高压，通过喷头的喷嘴将水喷射到碗盘等器皿上。

②碗盘洗干净后，洗涤电动机自动停止，污水会流到洗碗机的底部被排水泵排出。

③接下来洗碗机会换清水，对洗好的碗盘再次冲洗，清洗残余的清洁剂。

④最后，内置风扇会吹干碗盘，同时加热器也会间歇加热，促进碗盘表面的水分蒸发，完成洗碗工作。

洗碗机工作的时候会将水**加热**到70℃左右，所以要注意在洗碗机工作的时候不要随意打开，防止烫伤了自己。

吸尘器

吸尘器是我们的好帮手，它利用了负压，把灰尘、杂物等吸走了。吸尘器的肚子里有一个密闭的空间，电动机带动排风扇，把里面的空气排出，这个密闭空间就形成负压。这时，吸尘器吸嘴处的空气在大气压力的作用下，被吸入这个密闭的空间，并把空气中的灰尘、杂物等脏东西一起带了进去。

吸尘器的历史

1901年，英国人布斯在参观了一次除尘器表演后受到启发，改变了其原有的工作原理，制成了早期的吸尘器，但因太过笨重并未普及。

1907年，美国发明家斯班格拉制作成了轻巧型吸尘器，并把专利转让给Hoover，后来吸尘器才被大规模生产。

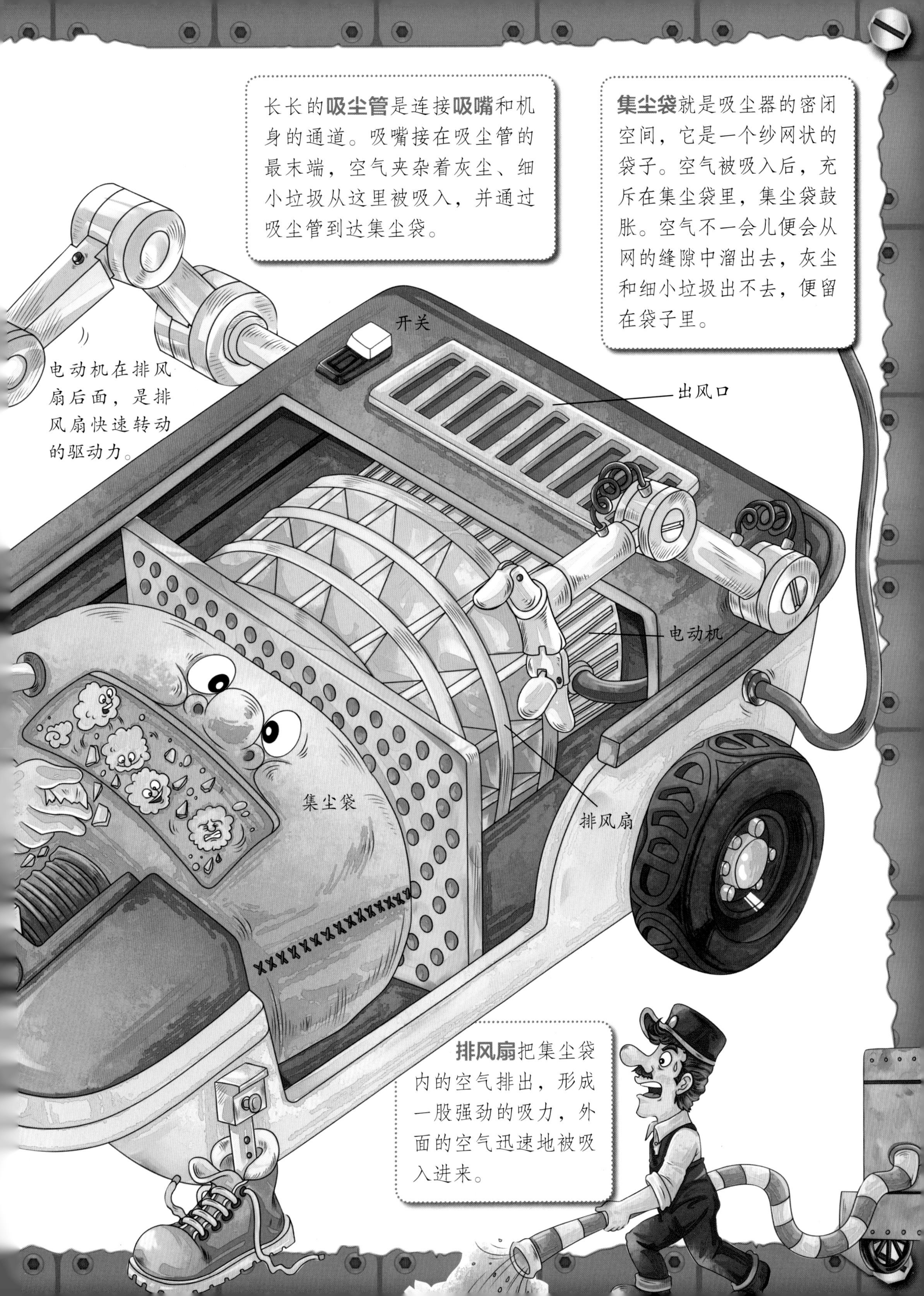
长长的**吸尘管**是连接**吸嘴**和机身的通道。吸嘴接在吸尘管的最末端，空气夹杂着灰尘、细小垃圾从这里被吸入，并通过吸尘管到达集尘袋。
集尘袋就是吸尘器的密闭空间，它是一个纱网状的袋子。空气被吸入后，充斥在集尘袋里，集尘袋鼓胀。空气不一会儿便会从网的缝隙中溜出去，灰尘和细小垃圾出不去，便留在袋子里。
开关
电动机在排风扇后面，是排风扇快速转动的驱动力。
出风口
电动机
集尘袋
排风扇
排风扇把集尘袋内的空气排出，形成一股强劲的吸力，外面的空气迅速地被吸入进来。

洗衣机

早在19世纪时，洗衣机便开始出现了，那时候的洗衣机是机械式的，在一个大木桶里，灌有肥皂水，还装有一个手动的机器用来搅动衣物。这种利用搅动、摩擦洗衣服的方法，被现代的洗衣机所采用。现在的洗衣机都是由微电脑控制，有各种洗衣模式，只要打开洗衣机的机盖，把要洗的衣服投进去，加入洗涤剂，打开水阀，便可以轻松洗衣啦！

世界上第一台电动洗衣机是美国人A.J.费希尔于1910年发明的。

脱水桶的运转

把湿衣服放入脱水桶内，盖上盖子后，脱水桶开始旋转，然后慢慢加速到每分钟数千转，这时衣服会被抛到圆桶壁上，湿衣服的水分受离心力的作用从湿衣服上脱离，从圆桶壁上的小圆洞流出去，最后再由排水口排到洗衣机外面。

洗衣机的内部是洗衣桶，中间安装有一个搅拌波轮。衣服在搅拌叶片的搅动下不停地转动，造成摩擦，衣服上的脏物就被脱离出来了。

洗衣机内有一个**水泵**，水泵由一根出水管连接着洗衣桶的内壁。这个内壁是中空的，上面整齐排列着许多的**小孔**，可以让水从四面八方分流进入桶内。水泵还可以把洗衣桶里的脏水排出去。

1858年，美国人H.E.史密斯发明了世界上第一台机械式洗衣机。

抽水马桶

臭臭的便便被水冲走了，我们要感谢冲走它的马桶。只要你按下马桶的按钮，马桶就利用水的重力，将水的势能转化为动能，冲走便便，随后，马桶水箱里的水位又慢慢恢复到了原来的位置。

现在的抽水马桶一般由**坐便池**和**水箱**两大部分组成，水箱在坐便池的后面。使用时，按下水箱上的按钮后，**活塞**打开，水箱里的水就会通过内侧的许多小孔流到坐便池中，将脏物冲入下水管。

水箱空了后，**活塞**复位，把出水口堵住，**进水阀**会自动开启，往水箱里面注水。

随着水位升高，**浮子**会慢慢地浮起，当水达到一定水位时，浮子会将进水阀关闭。

坐便池下方的U形虹吸排水管是经过精心设计的。它不仅能利用冲水时形成的水位差促进虹吸作用冲走污物，而且还能将臭气堵在马桶外。

马桶的工作原理

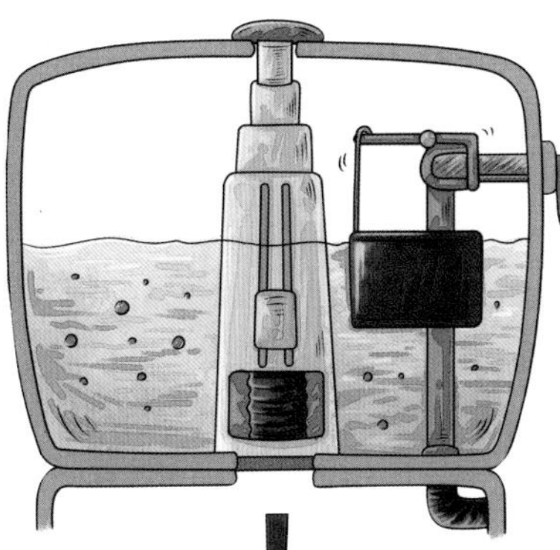

①水箱满的时候，活塞关闭，防止水流出，进水阀的杠杆被浮子顶起，水就无法进入。

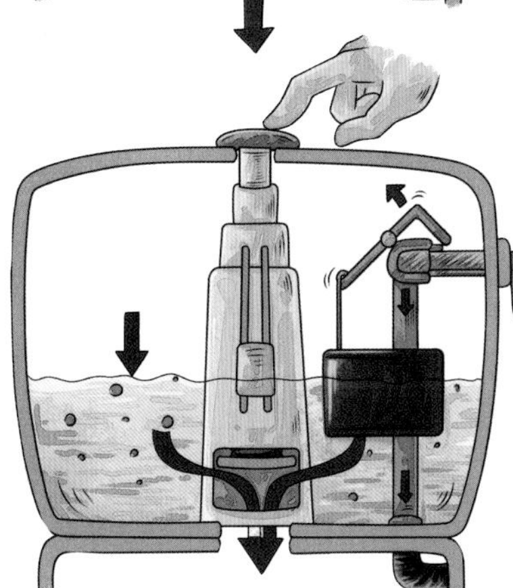

②按住水箱的按钮，活塞打开，水快速冲出，水箱内的水流尽后活塞关闭。

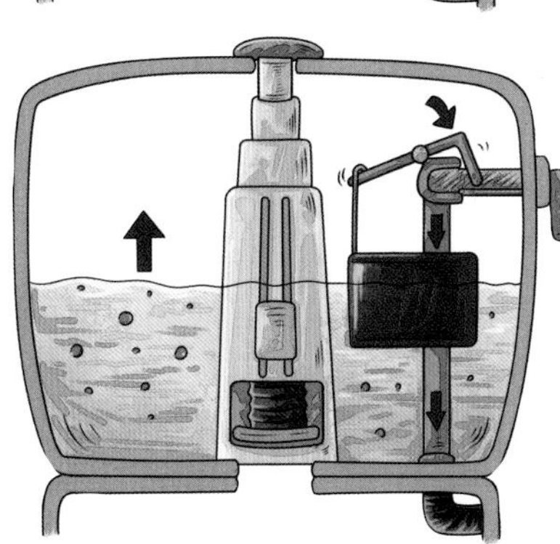

③浮子与水位一同下降，进水阀被打开，水位逐渐上升，直到把进水阀的杠杆顶起。

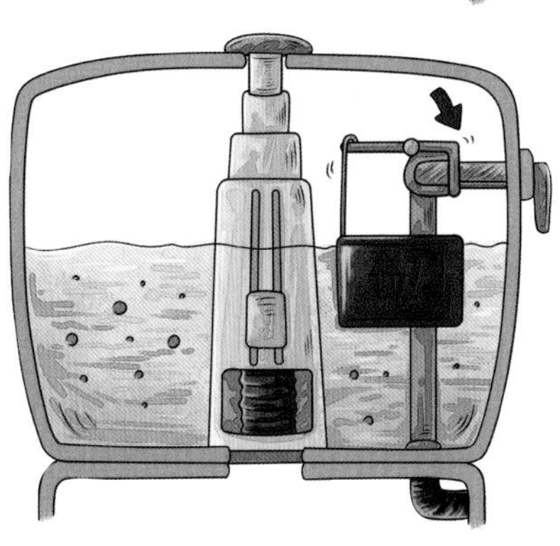

④进水阀的杠杆被顶起后，水不被注入，水箱变满。

马桶便是如此循环往复地工作。

灭火器

灭火器穿着“红大衣”，发生火灾时，它总要大显身手。灭火器有很多种，但是，它们的灭火原理是一样的，都是利用灭火器罐内的高压，喷出强劲的水流、泡沫或粉末，把火与氧气隔开，使燃烧不能继续。

水基型灭火器可以把清水喷射成水雾状，瞬间蒸发火场大量的热量，迅速降低火场温度，抑制热辐射，表面活性剂在可燃物表面迅速形成一层水膜，起到隔离氧气，降温的双重作用，从而达到快速灭火的目的。

火灾报警器

火灾报警器就是通过监测烟雾的浓度来实现火灾防范的，它的内部采用离子式烟雾传感器，一旦检测到有烟雾逸出，它的电流电压就会有所改变，继而无线发射器便会发出无线报警信号。

火灾报警器

干粉灭火器里的干粉受热后会分解出二氧化碳，喷头将二氧化碳气体与粉末的混合物喷出，覆盖在燃烧物上，阻止它与氧气接触，从而达到灭火的目的。

水可以降低燃烧物的温度，所以**水基型灭火器**可以扑灭由纸、木头、稻草等物体燃烧造成的火灾。

气匣中的二氧化碳压力很高，它为灭火器提供了所需的压力。
把手
水基型灭火器在使用时，要先按下把手，让放气阀打开，使气体进入水面上的空间。
弹簧
放气阀
水灭火器
气匣
水
虹吸管
气体就能够推动水进入虹吸管。压下把手时，水雾会从虹吸管流向喷头，喷洒到燃烧物上。

钢笔

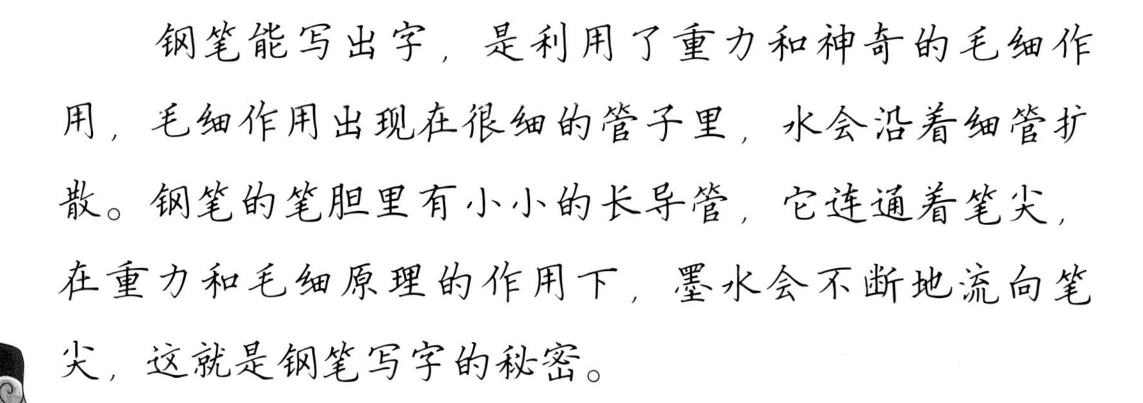

钢笔能写出字，是利用了重力和神奇的毛细作用，毛细作用出现在很细的管子里，水会沿着细管扩散。钢笔的笔胆里有小小的长导管，它连通着笔尖，在重力和毛细原理的作用下，墨水会不断地流向笔尖，这就是钢笔写字的秘密。

蘸水笔的笔尖分成两半，在笔尖头上面有一段是分开的，形成一个墨水槽。笔在墨水里蘸一下，墨水槽就会储存墨水。毛细作用和重力使墨水从墨水槽流出来，沿着笔尖的裂缝流到纸上。

鹅毛笔是用鹅毛经过脱脂、硬化处理后，再削切笔尖制成的。在没有发明出金属笔尖的蘸水笔和钢笔之前，鹅毛笔是西方主要的书写工具。

毛细作用

在自然界和日常生活中有许多毛细现象的例子：植物茎内的导管就是植物体内的极细的毛细管，它能把土壤里的水分吸上来；砖块吸水、毛巾吸汗、粉笔吸墨水等都是常见的毛细现象。在这些物体中有许多细小的孔道，都起着毛细管的作用。农业生产中，对作物滴灌时，也是利用了毛细作用使水滴落。

金属小珠
笔胆
凹槽结构
金属笔尖
钢笔笔尖中间的笔缝也相当于一个毛细管，毛细作用和重力使墨水顺利地沿笔尖书写到纸上。
圆珠笔的笔头是一颗安在小孔中的金属小珠。油墨从油墨管中流下来，经过狭窄的缝隙流到小珠上，随着小珠转动，油墨留在了纸上。
钢笔笔身前端的凹槽有**导流**和**节流**的作用，既可以让墨水顺畅地从笔胆里流出又可以保证墨水不会因为地心引力而一下子全都漏出来。

气垫船

气垫船最显眼的是它的垫衬，像个充了气的大轮胎，利用压缩空气的力量，将船体托离水面，这样，和水面间的摩擦力会很小，就能保持很快的速度航行。气垫船的甲板下还有几个大大的风扇，负责把空气灌入可充气的垫衬中，给气垫船提供升力。船上的螺旋桨和飞机的螺旋桨类似，可以推动气垫船做水平前进。

推动气垫船前进的螺旋桨

甲板

进气口

驾驶舱

充气垫衬

当气垫船载满乘客，发动机未起动时，**充气垫衬**是扁平的，发动机运转时，空气就会灌入垫衬中，使垫衬膨胀起来。

大型的**气垫船**内部有很大的空间，包括可以放置货物的甲板和可以乘坐客人的客舱。

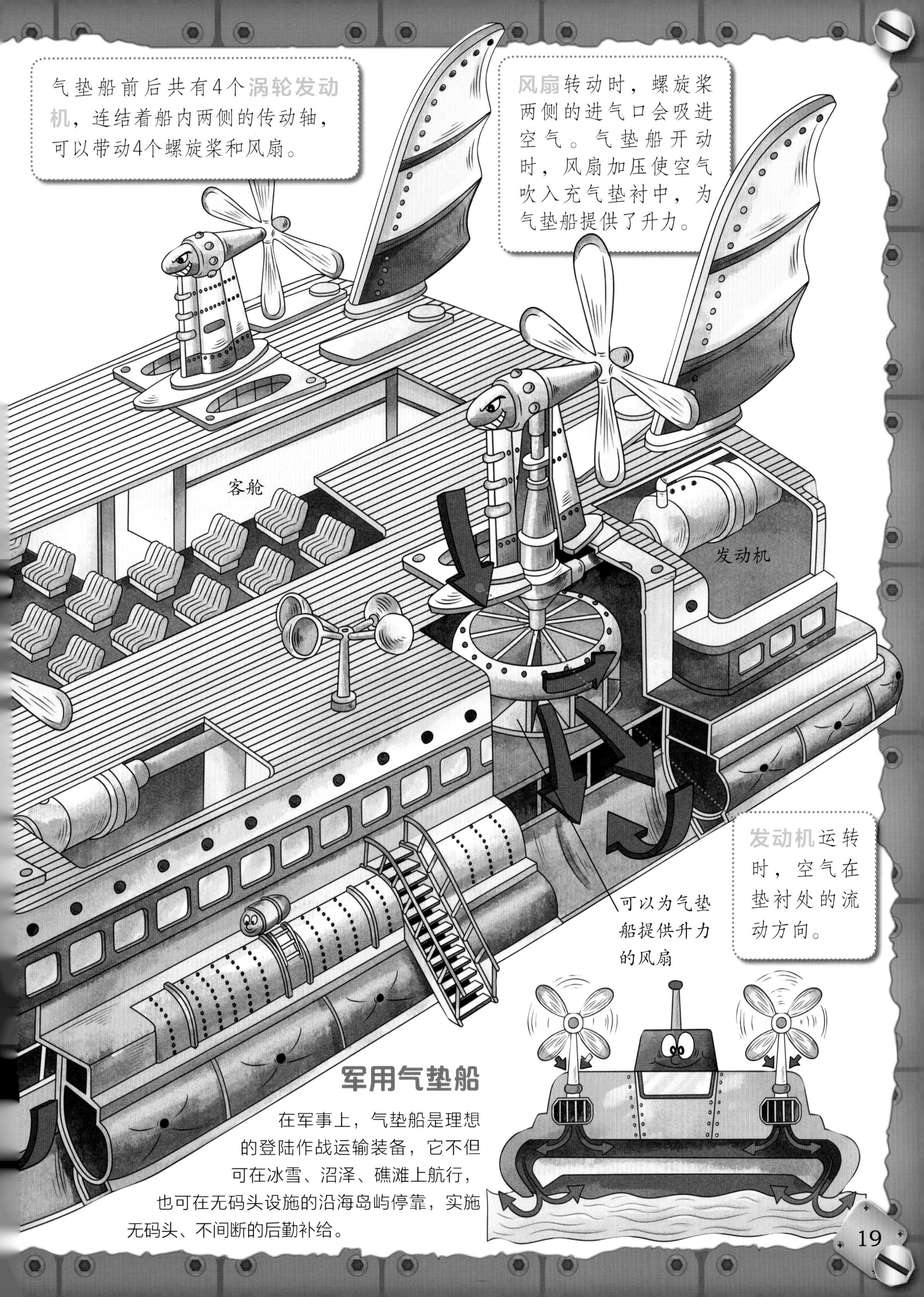

军用气垫船

在军事上，气垫船是理想的登陆作战运输装备，它不但可在冰雪、沼泽、礁滩上航行，也可在无码头设施的沿海岛屿停靠，实施无码头、不间断的后勤补给。

水温高达120℃左右的时候，气压会把压在出气孔上的**安全阀**顶起，这时阀门就会旋转泄气，防止高压锅爆炸。

高压锅

高压锅是做饭的好帮手。高压锅在工作时，锅内的空气压力非常大。气压越高，沸点就越高，这样，锅内的温度也会很高，可以迅速将被蒸煮的食物加热到100℃以上，大大缩短做饭的时间，节约能源。

高压锅的由来

在17世纪中后期，丹尼斯·帕平研究发明了一种有阀门的消毒锅，这就是高压锅的前身。直到20世纪中期，人们才把它变成现代的高压锅，并进行批量生产。

易熔片是用熔点较低的铝合金材料制成的，如果安全阀失效，锅内压力过大，温度升高到易熔片的熔点时，易熔片就会开始熔化，从而减小锅内气压，防止爆炸事故发生。
每次使用高压锅后，应将防堵罩的外罩逆时针方向拧转45度角取出并进行清洗，以确保防堵罩孔洞的疏通。
高压锅上的放气孔可以为多余的蒸汽提供排放的通道，安全阀则可以在开盖之前迅速放气，以减小锅内的气压。
开合弹簧
食物
煮完东西后，一定要等到气体全部排空以后再打开锅盖。
温控器
压力开关

水表

你们观察过家里的水表吗？自来水通过管道流入千家万户，记录每家每户家里用水量的就是水表。当自来水流过水表时，会转动水表里叶轮上的叶片，叶轮的转轴带动蜗轮，蜗轮使叶轮的转速减慢，内部的齿轮组就会带动指针和计数器，计算出用水量。

水流高速流过水表时，叶轮的叶片稍稍偏移水流的方向，这样就可以使叶轮的转速减慢。

水表的**齿轮组**降低叶轮轴的转速，首先是蜗轮起到这一作用，接着一系列正齿轮组成的齿轮组才能进一步减慢叶轮轴的转速。

空盒气压计

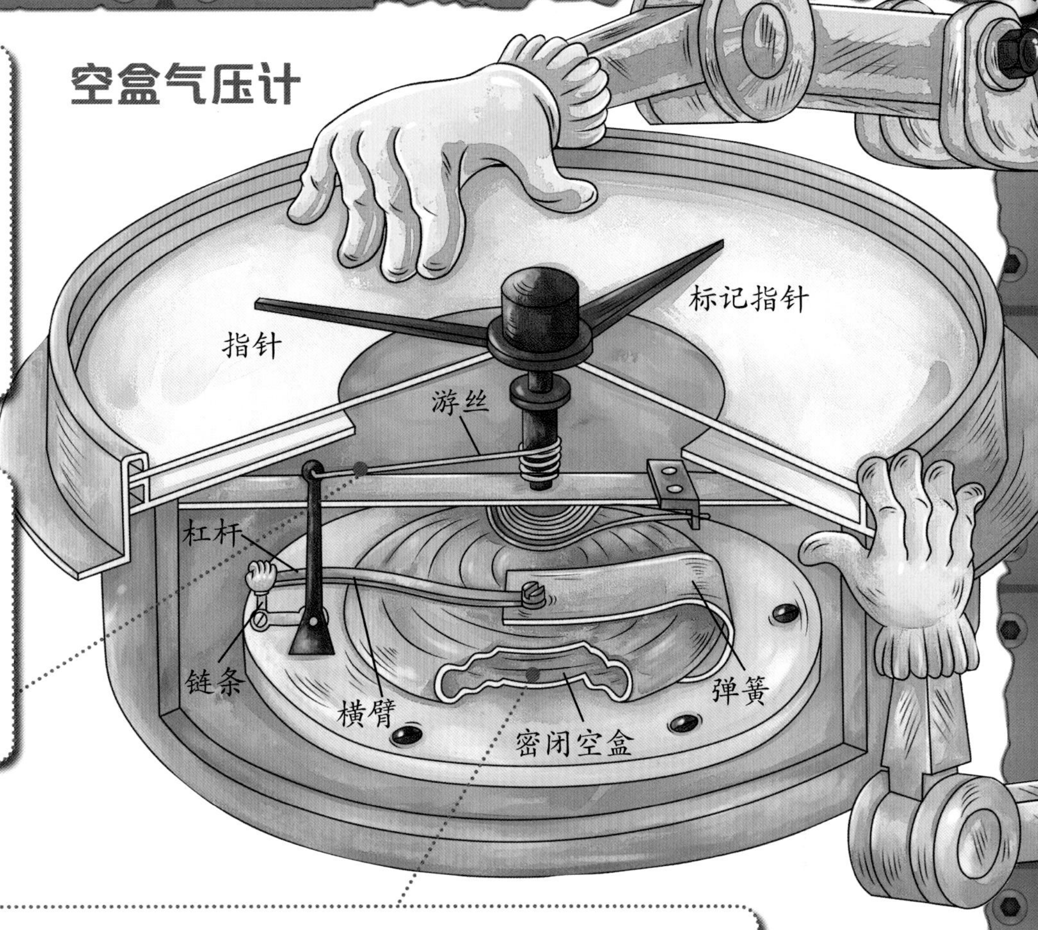

气压计的**游丝**松开，指针按逆时针方向旋转，直到链条再次被拉紧为止。

空盒气压计的中央有一个空气都被抽光的密闭空盒，如果大气压降低，密闭空盒扩张就会带动弹簧，从而抬高横臂，带动杠杆，放松链条。如果大气压升高，密闭空盒收缩，指针按顺时针方向旋转，游丝收紧，链条就会被松开。

包尔登压力计

包尔登压力计是一种简单的机械压力计，它是通过气体或液体的压力来移动刻度盘上的指针。它通常被用在汽车油压表、煤气压力表以及潜水员用的深度计上。

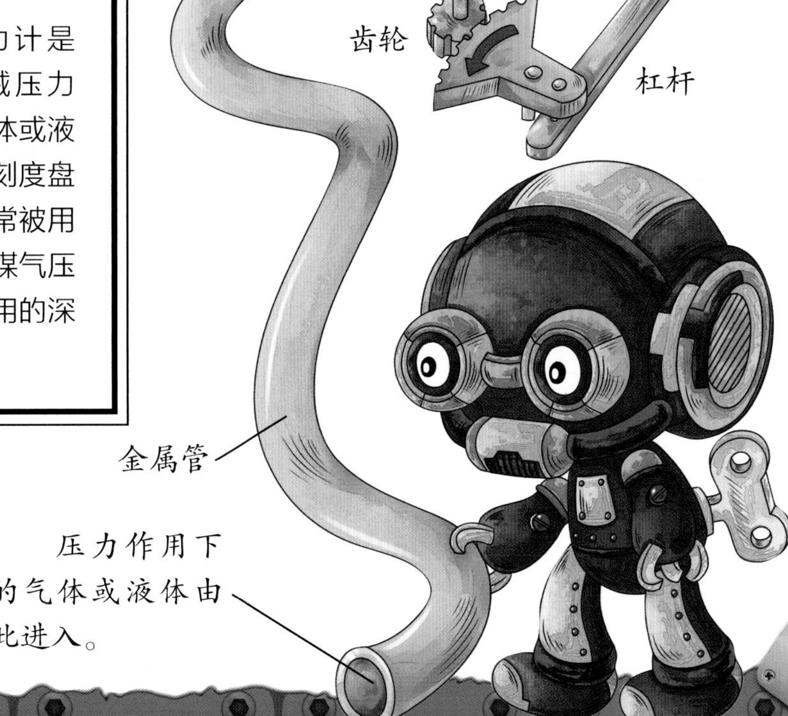

各种各样的泵

流体是液体和气体的总称。泵是用来输送流体或使流体增加压力的机械。举一个例子，活塞泵就是一种简单的泵，给农田灌溉经常会用到它。活塞泵里最关键的部件是活塞，活塞在外力的作用下，不断地往复运动，使进、出水阀持续地打开闭合，这样，水就会从泵的进口进入，再从另一端的排水管排出。除了活塞泵，还有其它各种各样的泵，下面，就让我们一起去了解吧！

活塞推入的时候，空泵中的气压增大，吸入阀关闭，排出阀打开，排出空气。

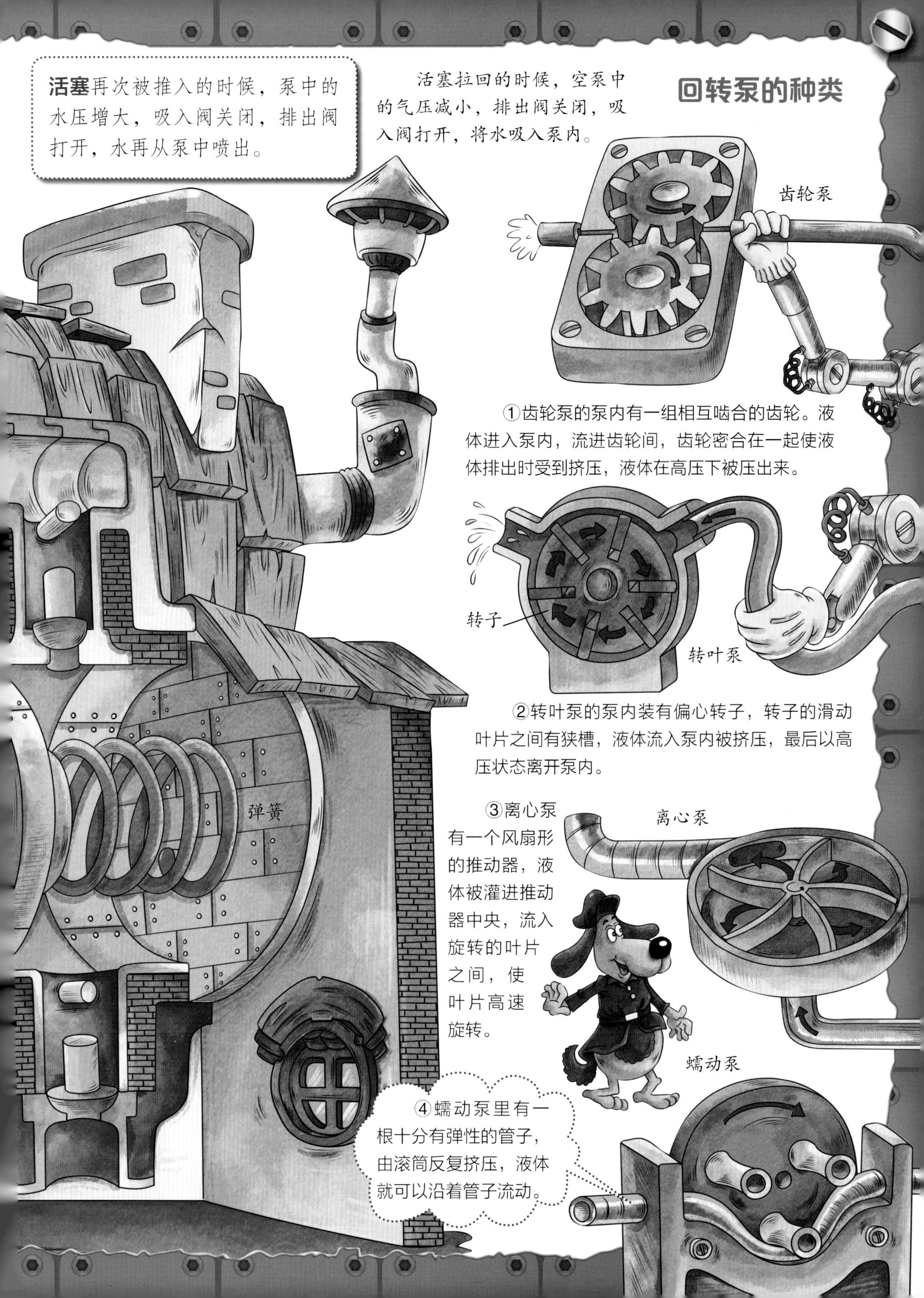

活塞再次被推入的时候，泵中的水压增大，吸入阀关闭，排出阀打开，水再从泵中喷出。

活塞拉回的时候，空泵中的气压减小，排出阀关闭，吸入阀打开，将水吸入泵内。

回转泵的种类

①齿轮泵的泵内有一组相互啮合的齿轮。液体进入泵内，流进齿轮间，齿轮密合在一起使液体排出时受到挤压，液体在高压下被压出来。

②转叶泵的泵内装有偏心转子，转子的滑动叶片之间有狭槽，液体流入泵内被挤压，最后以高压状态离开泵内。

③离心泵有一个风扇形的推动器，液体被灌进推动器中央，流入旋转的叶片之间，使叶片高速旋转。

④蠕动泵里有一根十分有弹性的管子，由滚筒反复挤压，液体就可以沿着管子流动。

什么是浮力？

大象要到河的对岸，它怎样才能渡过深深的河水呢？它找来一块大大的木筏，坐在上面准备过河。可木筏刚离开河岸就开始下沉，吓得大象赶忙回到岸上。怎么办呢？大象又找来木板钉在木筏的四周，木筏变成了一只大木船。看！大象正稳稳地坐着大木船过河呢！大家想一想，这究竟是怎么回事？

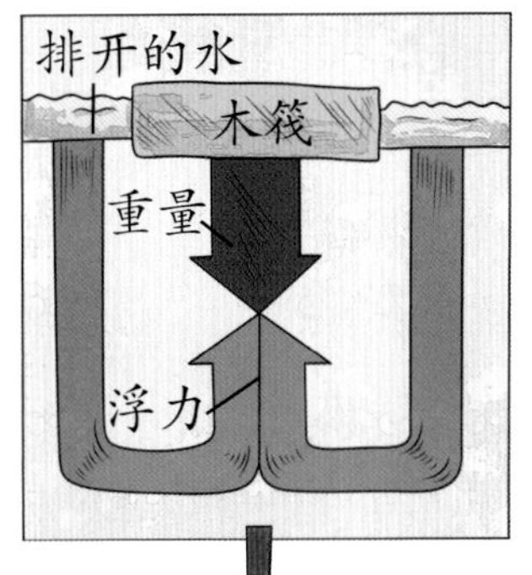

当木筏的重量等于它排开水产生的浮力时，木筏便会浮在水面上。

当木筏和大象的总重量超过它们排开的水产生的浮力时，木筏就会沉下去。

木船可以排开更多的水，产生的浮力就会变大，可以承受木船和大象的总重量，于是木船就会浮在水面上。

比重

为什么很重的钢铁轮船能浮在水面，而一根很轻的钢针就会沉下去呢？这是比重的缘故。钢铁轮船看上去很重，但它的总比重（它的总重量除以总体积）比水的比重小，就能浮在水面。而钢针则与之相反，所以会沉下去。

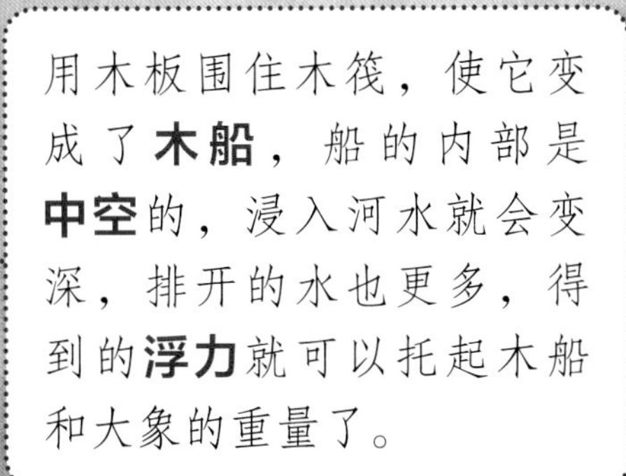

用木板围住木筏，使它变成了**木船**，船的内部是**中空**的，浸入河水就会变深，排开的水也更多，得到的**浮力**就可以托起木船和大象的重量了。

古欧洲商船

古罗马人用商船运输埃及的谷物和亚洲的丝绸、宝石、香料等等。

很久很久以前，欧洲人就能建造大大的木质商船，这种商船的长度有几十米，船身十分高大，船上只有一根主桅杆和一根横桁，船尾的甲板上有一些额外的空间，这片空间比甲板要高，可以放置一些不怕受潮的货物。这种商船高高大大的，重心会不会很高？会不会影响它的航行？

商船由一张大大的**方形帆**驱动前进。

横桁

控制方向的帆

横桅索

古代埃及商船

公元前600年左右，埃及人就已经环游了整个非洲，他们是用木头建造的船配有真正的帆，还可以额外使用船桨航行，这样的船可以运输修建金字塔所需要的石料等货物。

横帆

船尾

船首

双桅杆

木板之间的夹缝会填塞粗纤维，再涂上热焦油或沥青，这样能起到**防水作用**。

弯曲结实的木条经过拼接制造出船的**骨架**。将木板钉在骨架上，形成船的“外壳”。

龙骨

埃及战船

埃及人发明的双排桨船是一种商战两用船，它的桨位比一般的船多2倍，划桨的舵手排队坐在两边划船，可以使船行驶得更快。

满载货物的船舱使船的**重心**与**浮力中心**相距很近，这样可以使船身更**稳定**，即使船被波浪推得倾斜也能恢复正立。

客船

客船在水里航行时，它的动力来自哪里呢？客船前进靠的是船底的螺旋桨，方向是由船舵来控制。当螺旋桨大大的叶片旋转时，会产生很大的力，将水往船的后方推送，作用力等于反作用力，从而产生向前的推进力，这样，客船就可以自由地航行。客船的船底还有个船舵，它的摆动会使水流发生偏转，客船就可以改变方向了。

船体艏部在水下有一个向前突出的巨大球形**“鼻子”**，它可以减小船舶滑过水面时造成的**艏波**，从而**减小阻力**，提高航速。

螺旋桨上的作用力

水流

快速移动的水流经过桨叶正面

水被桨叶向后推动

作用在螺旋桨叶片上的力

吸力在桨叶正面向前拉

反作用力在桨叶背面往前推

反作用力和吸力的合作，驱使旋转的螺旋桨通过水中

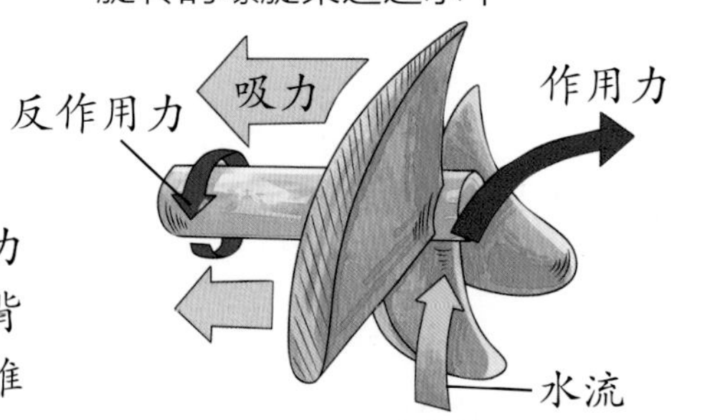

船舵可以改变船的航向。螺旋桨的叶片又弯又宽，转动时会产生强大的反作用力和强烈的吸力。
螺旋桨
船中心
水流方向
船舵
如果船舵向右转，水会朝相反的方向施压，船向右侧运动；船舵向左转动，船也向左侧运动。
大型客船在水下的船体应尽可能地光滑，以便减少水对船的阻力。为了防止船体被锈蚀，会涂上一层氯化橡胶铁红漆。
螺旋桨
船舵位于笔直的位置时，水从两边匀速流过，船向前笔直航行。
船舵

护卫舰

护卫舰的上面有大炮、导弹、鱼雷等武器，它虽然是轻型军舰，却能搭载直升飞机哦。我们知道，护卫船的前进是靠船底的螺旋桨，那么，是什么驱动螺旋桨转动呢？过去，螺旋桨连接着巨大的柴油发动机，现在，先进的护卫舰已经装有燃气轮机，这种发动机的重量比柴油发动机轻，体积也小，但是，它产生的动力更强劲，有了这个动力十足的“心脏”，护卫舰就可以更好地完成作战任务了。

护卫舰是海军战队中的传统战舰，早在16世纪，世界上就有了护卫舰，只不过当时的护卫舰只是在轻型三桅帆船上加了几门大炮而已。

燃气轮机

燃气轮机与涡轮喷气发动机不同，它主要输出动力，而尾喷管喷出的燃气推力也极小，为了驱动其他的机械，涡轮级数也比较多。

现代化护卫舰能完成各种任务。一般一艘护卫舰长约150米，宽17米，重达5000多吨。

护卫舰的燃气轮机同样有进气道、压气机、燃烧室和尾喷管等燃气发生器的基本构造。

螺旋桨由四片或者更多的叶片组成，为了获得最佳的推动力，人们会精确地计算它的形状。

潜水艇

潜水艇像个大大的海豚，既能沉入深海，又能浮在海面。它能够在海里沉浮的秘密是什么呢？潜水艇通常有两层壳体，内壳厚厚的，能承受很强的水压；外壳呈流线型，可以减少水的阻力。内外壳之间，有个压载水舱，可以通过注水和排水来改变自身的重量。这样，潜水艇就可以自由地在海里沉浮了。

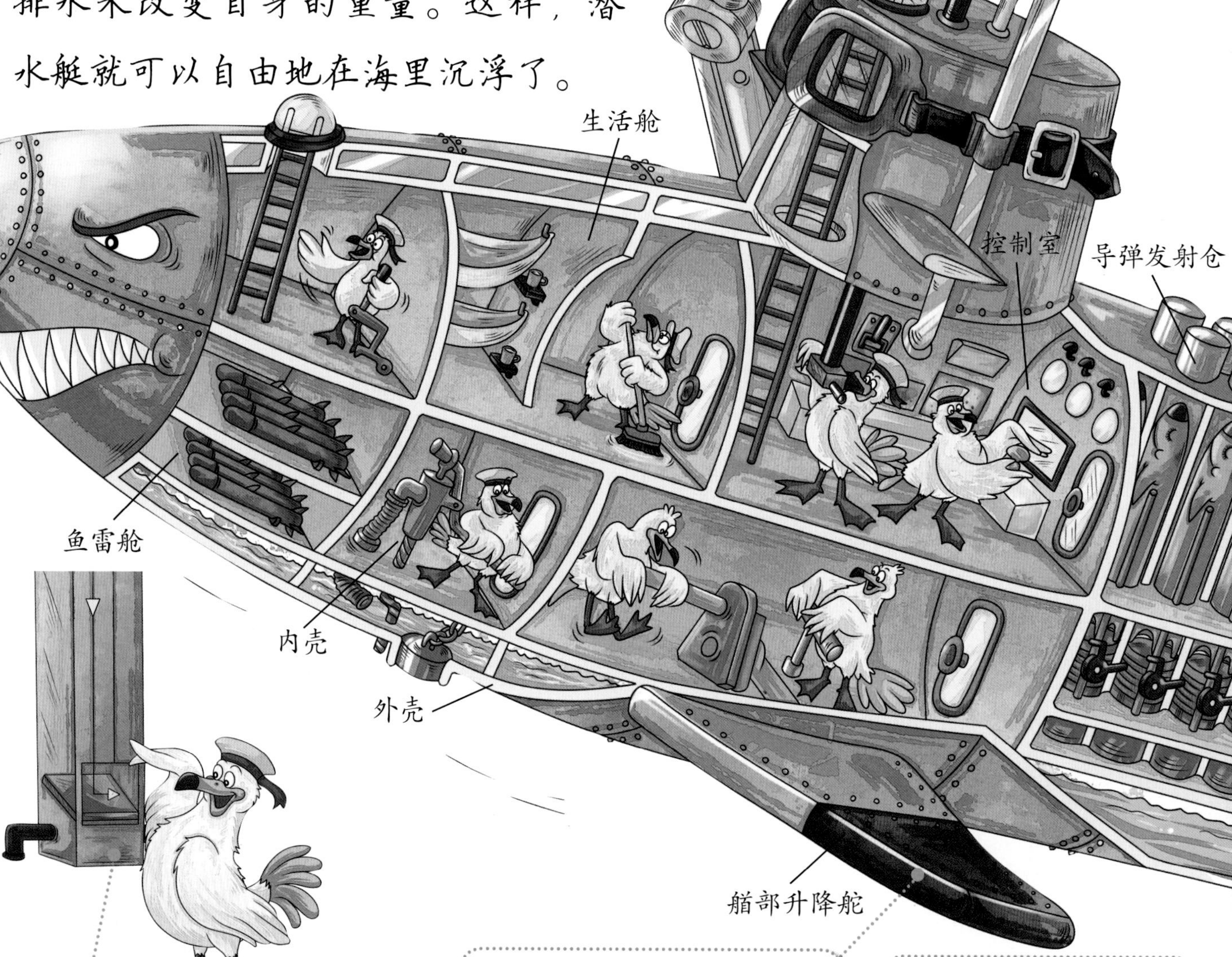

长长的**潜望镜**可以让船员看到指挥塔上的外部情况。

艏部和尾部的**升降舵**可以像鱼鳍一样上下倾斜，负责控制潜水艇在水中上浮或下潜的方向。

潜水艇可以发射**导弹**和**鱼雷**，且导弹可以飞行很长的距离，攻击范围很大。

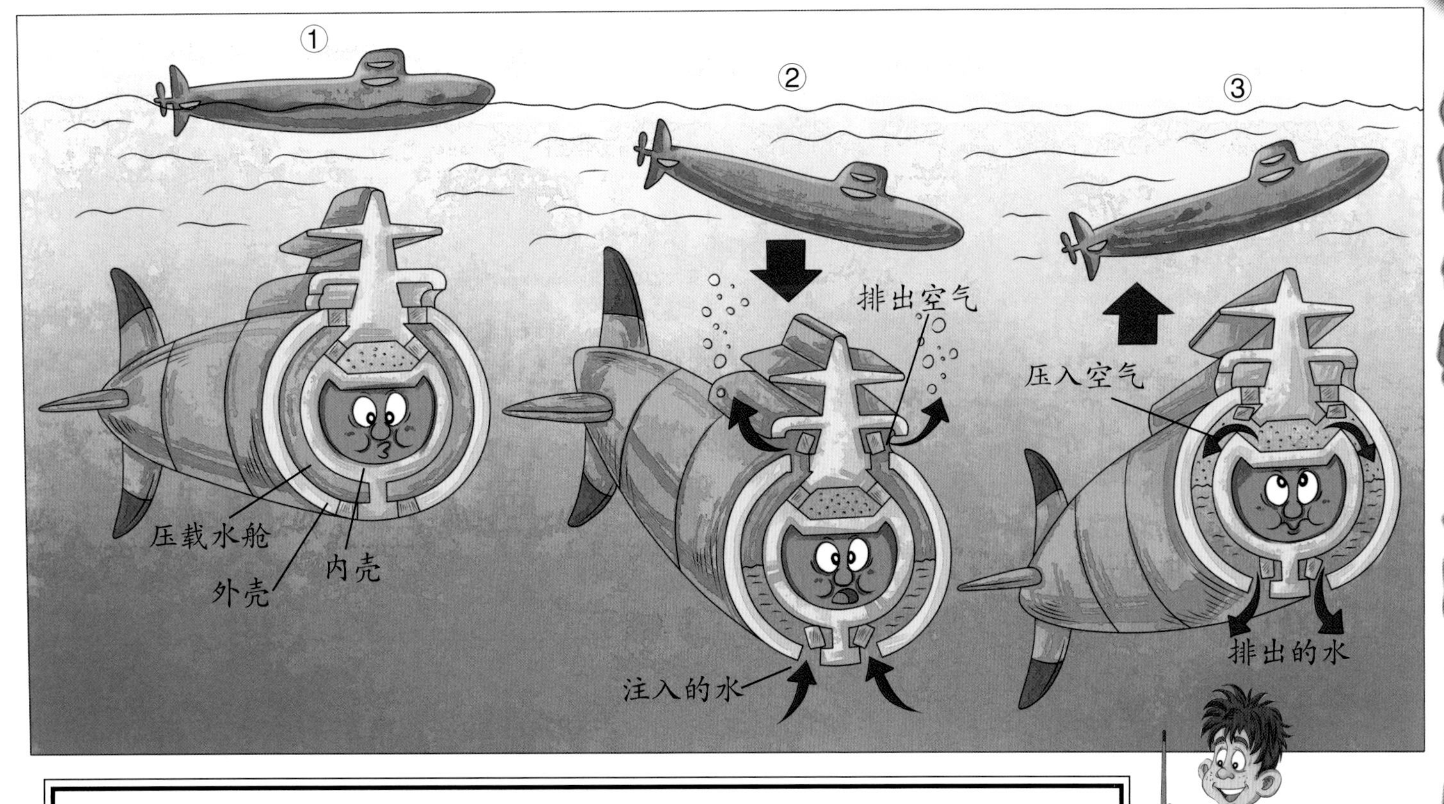

潜水艇是怎样工作的?

①压载水舱空了的时候，潜水艇浮在水面上。

②压载水舱注入水，控制升降舵，艇身下沉。

③在压缩空气的帮助下，水排出了压载水舱，控制升降舵，艇身上浮。

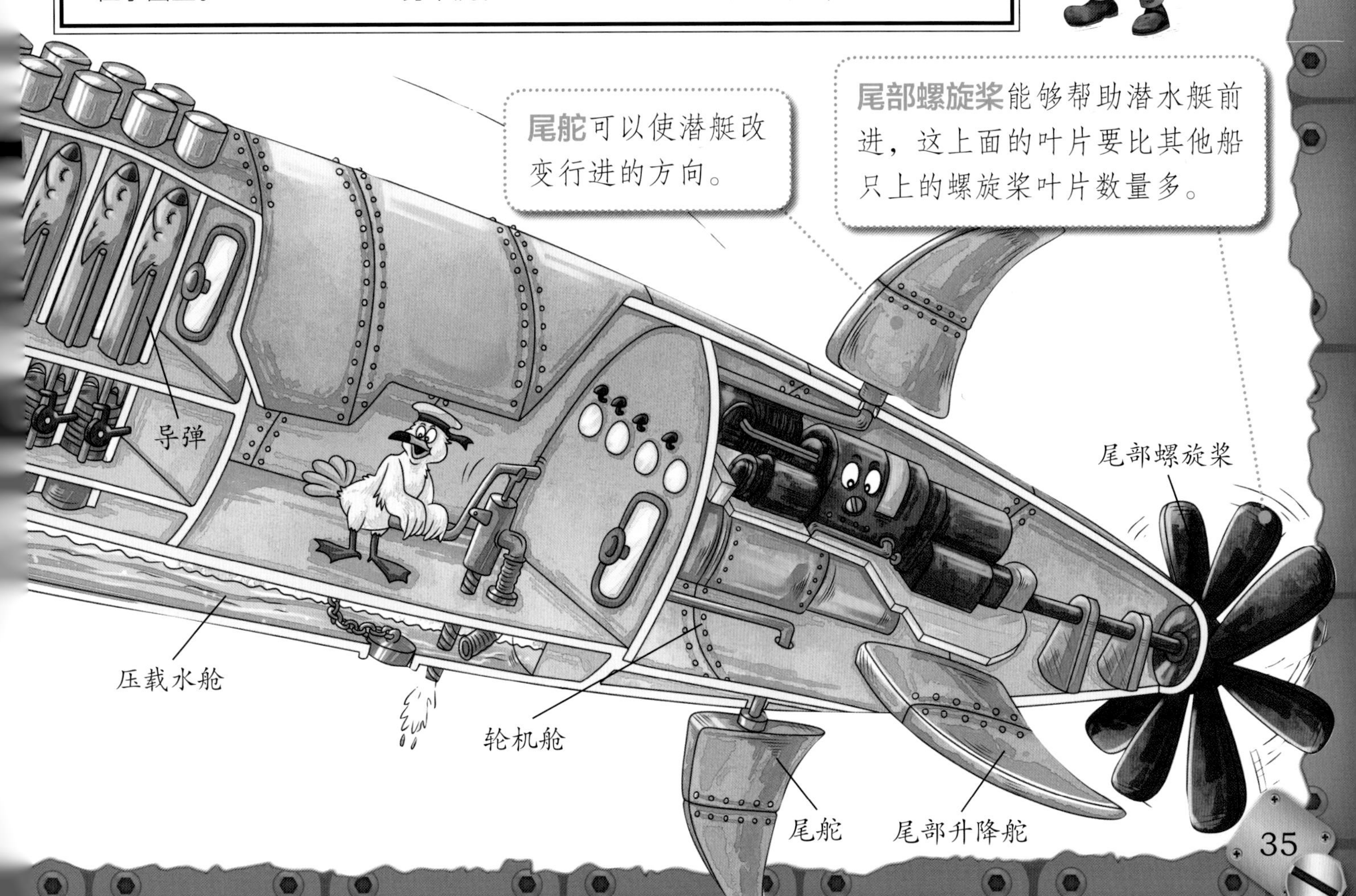

飞艇

飞艇像个长长的、圆圆的大气球，它通常会被设计成流线型，并装有驱动装置和改变方向的方向舵。飞艇产生的强大浮力可以提起自身的座舱、发动机和乘客的重量，高高地飘浮在空中。飞艇里有个巨大的气囊，气囊里充满了气体，这种气体比空气要轻很多，可以更好地减轻飞艇的重量，增加飞艇的浮力，这就是飞艇可以飘浮在空中的奥秘。

气囊表面的绳索是**吊索**，可用来吊住座舱。

飞艇的**气囊**是由柔软的合成纤维制成的，可以借着内部气体的压力，支撑起它庞大的躯体。

飞艇的**外部蒙皮**是用棉麻织品制作的，上面会涂一层铝质涂层作为保护。

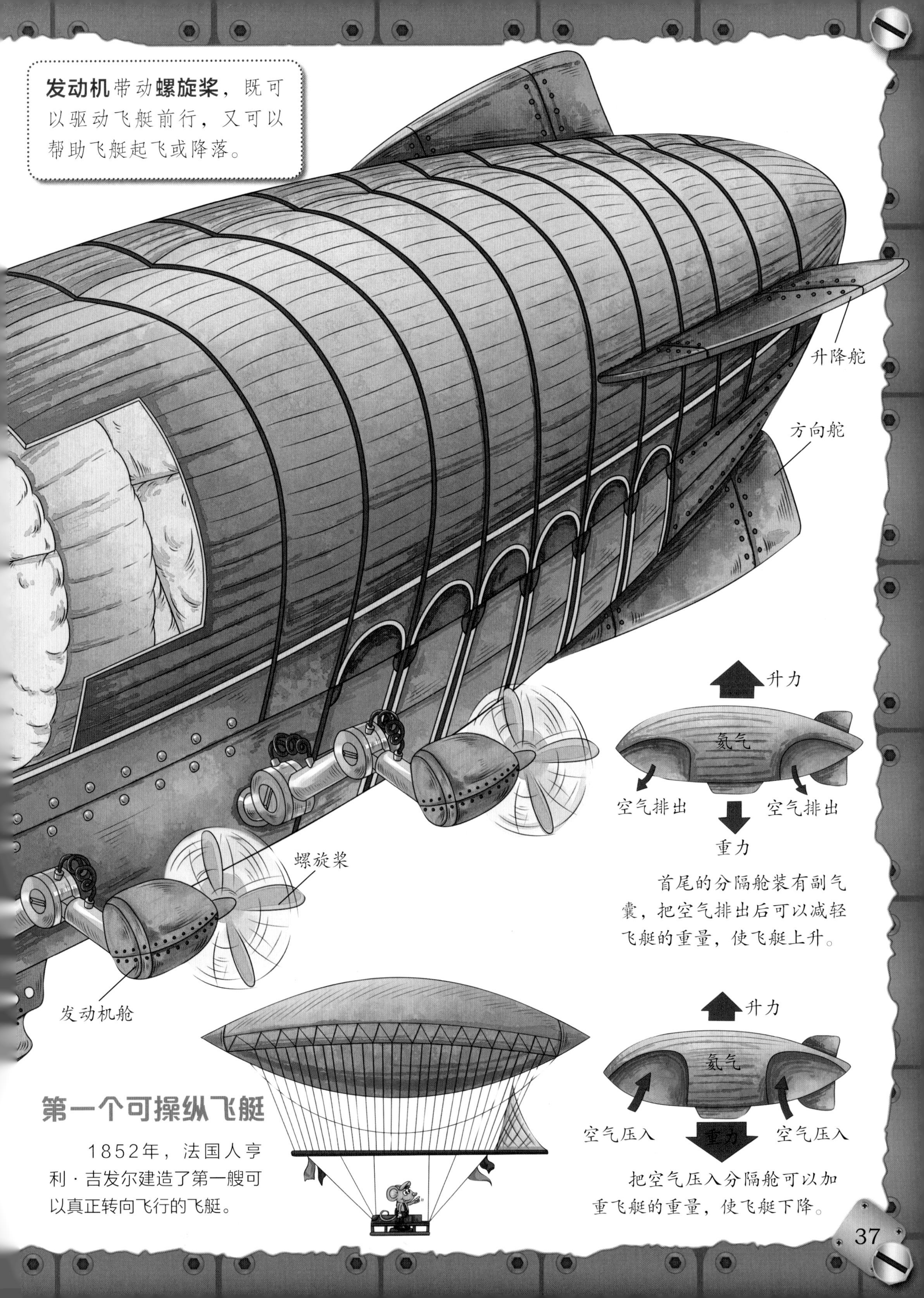

第一个可操纵飞艇

1852年，法国人亨利·吉发尔建造了第一艘可以真正转向飞行的飞艇。

螺旋桨飞机

螺旋桨飞机那么重，为什么能在空中飞翔？它是怎样改变飞行方向的？飞机发动机能提供强大的动力，驱动螺旋桨高速转动，并在机翼上产生气流，强大的气流为机翼提供升力，当升力大于飞机的重量时，就能使飞机在空中飞行。螺旋桨飞机的机尾都有方向舵和升降舵，可以让飞机在飞行中改变方向。

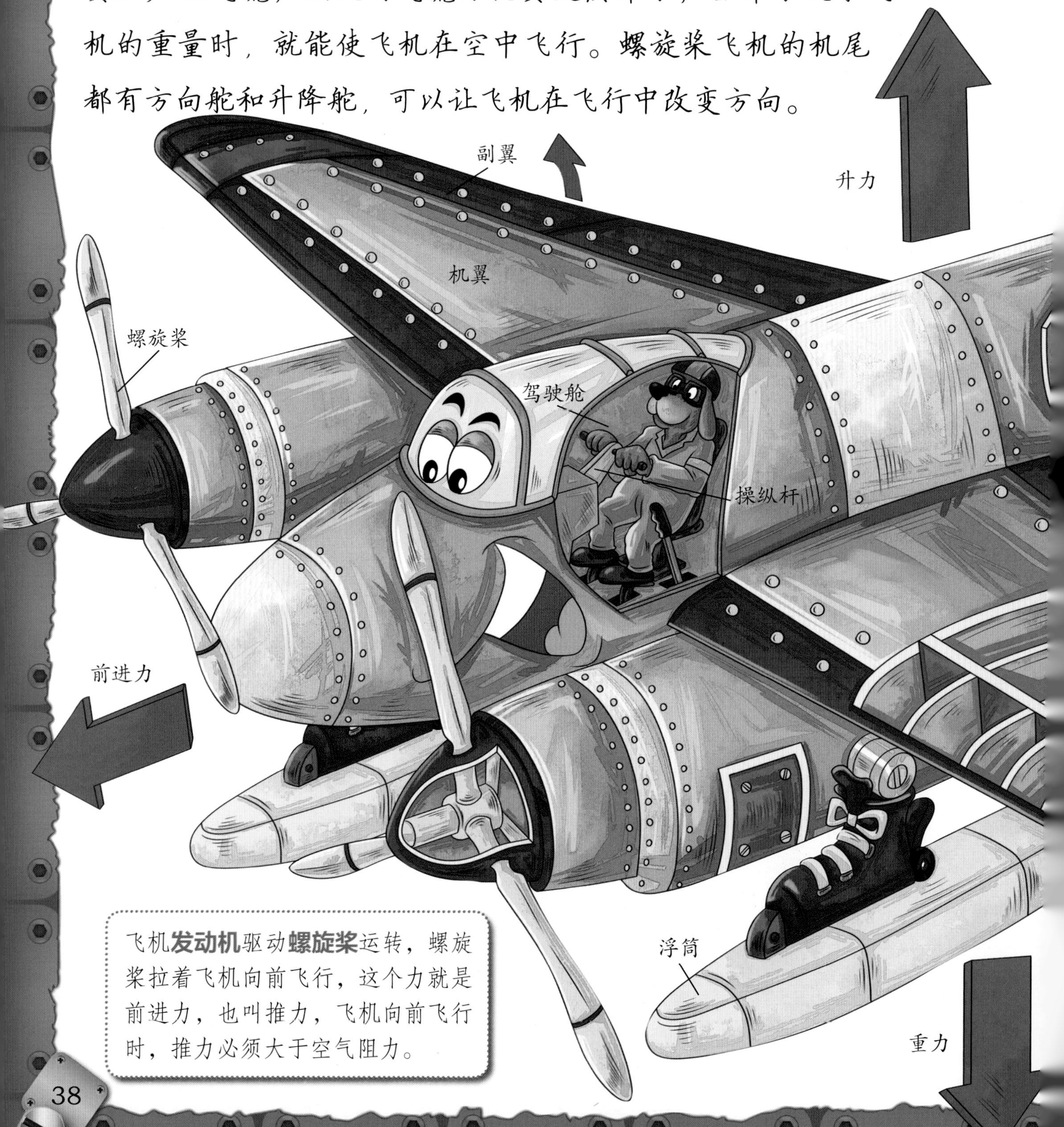

飞机**发动机**驱动**螺旋桨**运转，螺旋桨拉着飞机向前飞行，这个力就是前进力，也叫推力，飞机向前飞行时，推力必须大于空气阻力。

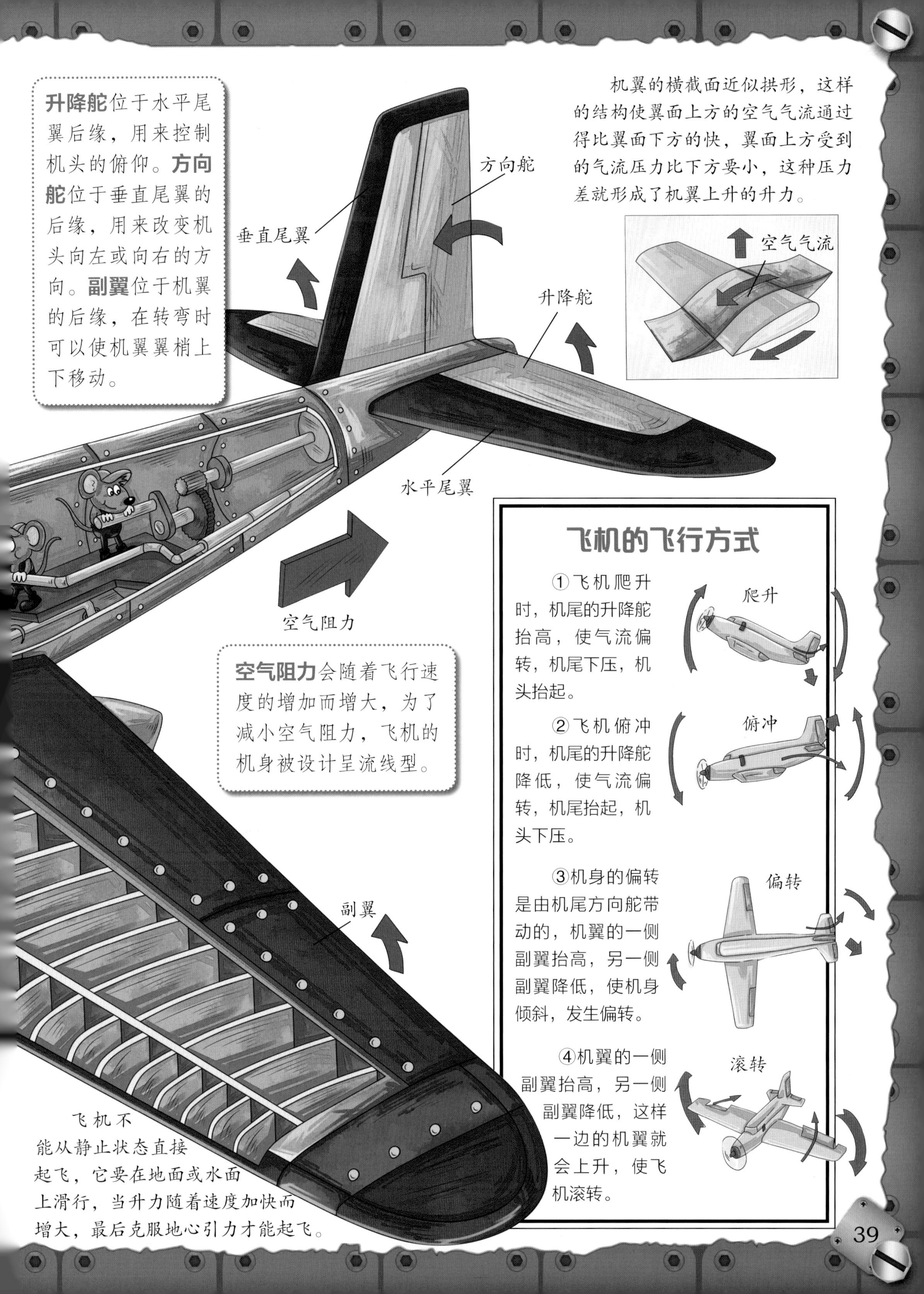
升降舵位于水平尾翼后缘，用来控制机头的俯仰。**方向舵**位于垂直尾翼的后缘，用来改变机头向左或向右的方向。**副翼**位于机翼的后缘，在转弯时可以使机翼翼梢上下移动。
机翼的横截面近似拱形，这样的结构使翼面上方的空气气流通过得比翼面下方的快，翼面上方受到的气流压力比下方要小，这种压力差就形成了机翼上升的升力。
方向舵
垂直尾翼
空气气流
升降舵
水平尾翼
空气阻力
空气阻力会随着飞行速度的增加而增大，为了减小空气阻力，飞机的机身被设计呈流线型。
副翼
飞机不能从静止状态直接起飞，它要在地面或水面上滑行，当升力随着速度加快而增大，最后克服地心引力才能起飞。
飞机的飞行方式
①飞机爬升时，机尾的升降舵抬高，使气流偏转，机尾下压，机头抬起。
爬升
②飞机俯冲时，机尾的升降舵降低，使气流偏转，机尾抬起，机头下压。
俯冲
③机身的偏转是由机尾方向舵带动的，机翼的一侧副翼抬高，另一侧副翼降低，使机身倾斜，发生偏转。
偏转
④机翼的一侧副翼抬高，另一侧副翼降低，这样一边的机翼就会上升，使飞机滚转。
滚转

直升机

直升机长得和其他飞机不一样，它的头顶上有个大大的主旋翼，直升机能飞行全靠它。主旋翼的桨叶和飞机的机翼有着相似的翼面形状，当主旋翼的桨叶高速旋转时，会产生向上的巨大升力，直升机就能飞起来。飞行时，调节桨叶的角度就可以控制直升机飞行的方向和角度。

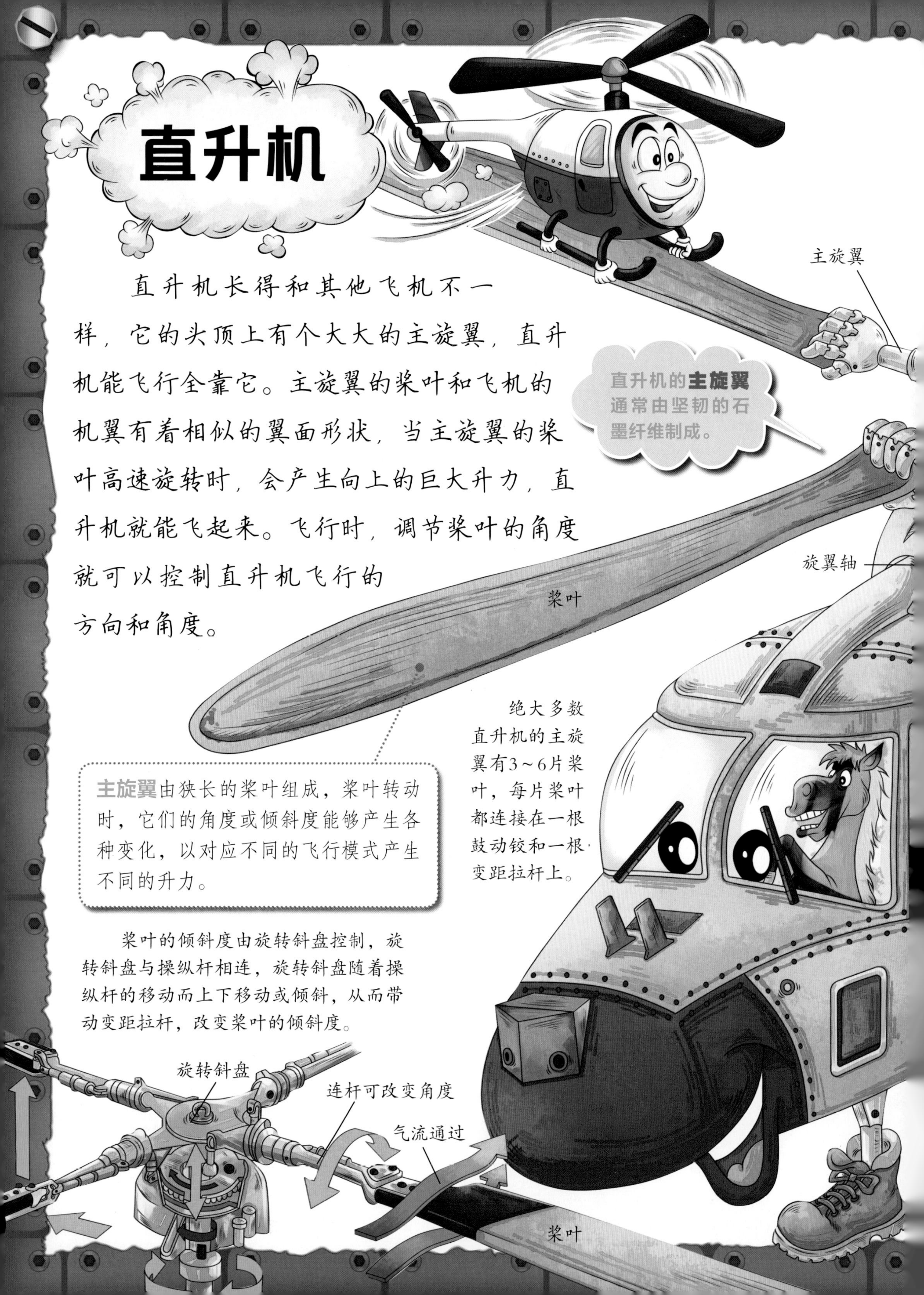

主旋翼由狭长的桨叶组成，桨叶转动时，它们的角度或倾斜度能够产生各种变化，以对应不同的飞行模式产生不同的升力。

桨叶的倾斜度由旋转斜盘控制，旋转斜盘与操纵杆相连，旋转斜盘随着操纵杆的移动而上下移动或倾斜，从而带动变距拉杆，改变桨叶的倾斜度。

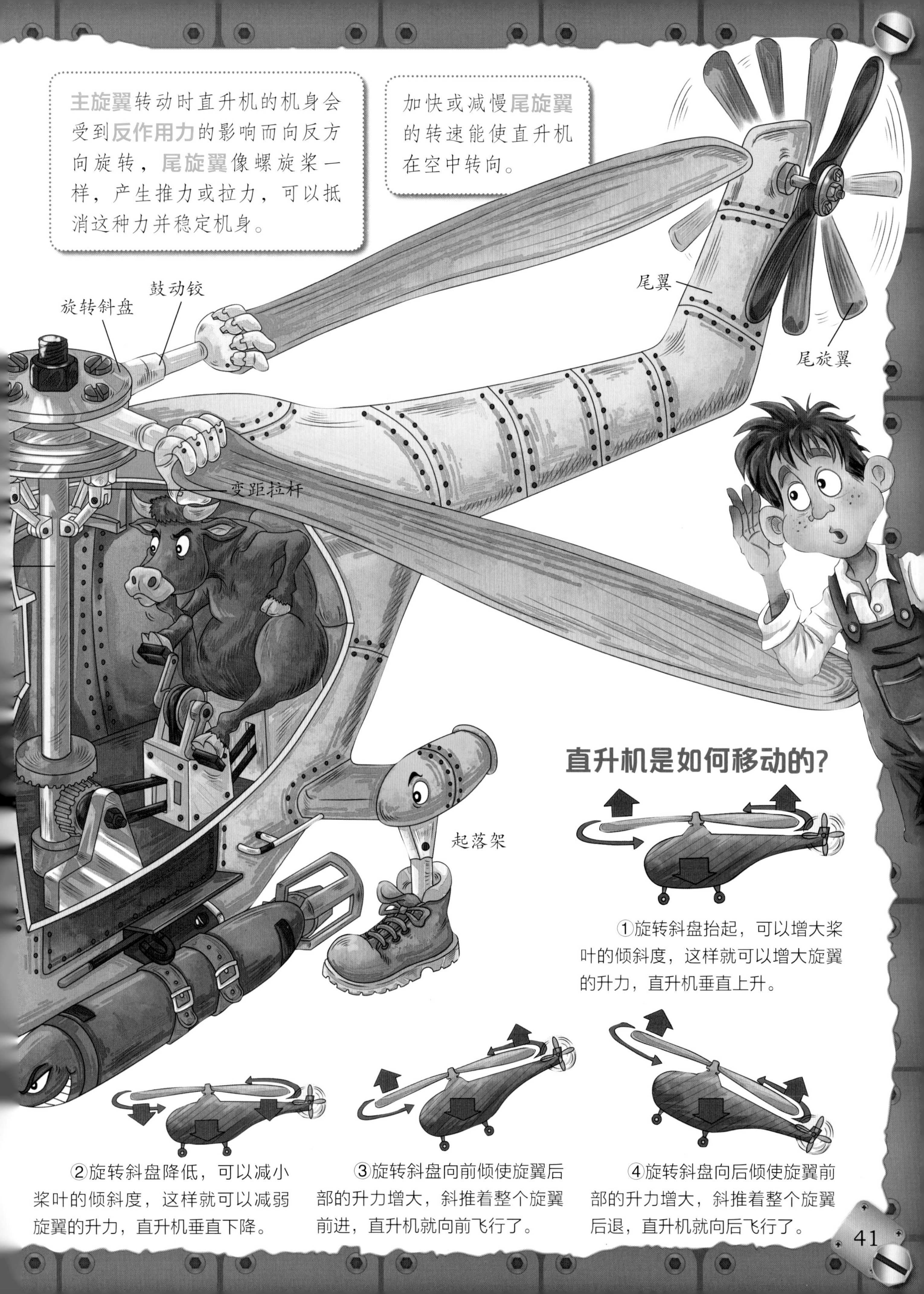

直升机是如何移动的？

①旋转斜盘抬起，可以增大桨叶的倾斜度，这样就可以增大旋翼的升力，直升机垂直上升。

②旋转斜盘降低，可以减小桨叶的倾斜度，这样就可以减弱旋翼的升力，直升机垂直下降。

③旋转斜盘向前倾使旋翼后部的升力增大，斜推着整个旋翼前进，直升机就向前飞行了。

④旋转斜盘向后倾使旋翼前部的升力增大，斜推着整个旋翼后退，直升机就向后飞行了。

垂直起降的喷气机

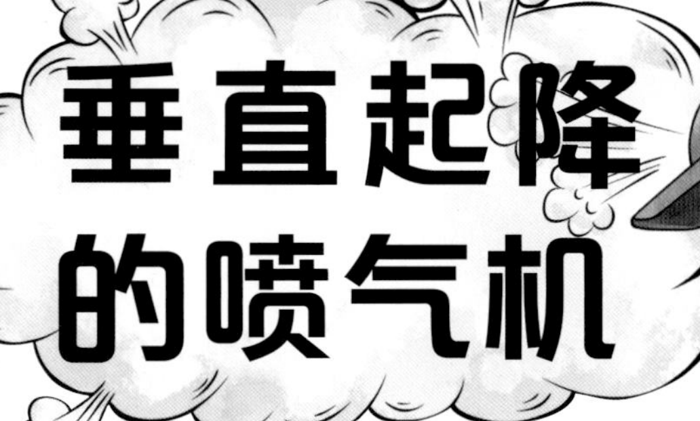

飞机起飞需要跑道，那么有没有可以垂直起降的飞机呢？有，这种不需要跑道的飞机就是喷气战斗机。首先，它的发动机是喷气发动机，发动机喷管转向后方喷气时，机翼也能产生向上的升力。再有，飞机的驾驶舱后方装有大大的升力风扇，升力风扇从飞机的进气口处吸入空气，并把气流加速向下喷出来产生垂直升力。这样，飞机就能从地面上垂直起飞了。

机翼

升力风扇

发动机启动后，驱动轴就在始终旋转，驱动轴传递给**升力风扇**，使升力风扇产生垂直升力。

驾驶舱

由于悬停需要非常大的推力，发动机要吞入更多的空气，升力风扇后方增加了一对**辅助进气门**，用来向发动机提供额外的空气。

三处推力点可以适时调节机身姿态，保持飞机起降的安全性和灵活性。

垂直尾翼
尾部矢量喷管能完成从水平到垂直状态的角度偏转，在悬停模式中还能左右偏转进行横向方向的控制。向下旋转90度，能产生占总推力35%的推力。
水平尾翼
辅助进气门
尾部矢量喷管
除了升力风扇产生的强大升力外，两侧翼根中的滚转喷管可以利用发动机的压气机进行引气，来提供推力。
滚转喷管
垂直起降飞机的飞行方式
①升力风扇、尾部喷嘴以及滚转喷管喷出垂直向下的气流，反作用力将垂直起降喷气机垂直托起。
②发动机喷嘴将喷射气流转向某个角度，反作用力被分解成升力和向前的推力，机翼开始产生升力。
③向前的速度增加到产生足够的升力使飞机正常飞行时，尾部喷嘴转向后方喷射气流，升力风扇停转，舱盖关闭。

帆船

帆船行驶的动力来自风，顺着风能让帆船前进，那么，逆着风帆船能行驶吗？能，现在的帆船可以利用任何方向的风力来推动船前进。逆风的时候，要不断调整船帆的位置，使船帆受到比较复杂的作用力，这样，帆船就能前进了。

下面，我们一起来了解一下帆船游艇是如何利用船帆逆风行驶的。

风浪板就是一种倾斜的桅上有活动帆，船身底下有小龙骨的简单木筏。

风浪板的帆既可以驱动它前行，又可以使它转向。

风浪板是怎样行驶的?

①顺风航行时，风在风浪板的正后方，帆与风向形成直角。风推动风浪板向前航行。

②与风交叉航行时，帆调整后与风向保持垂直，此时风力被分解成两个力：一个是推力，推动风浪板向前，一个是作用在帆上的倾斜力。

③逆风航行时，调整帆的边缘对准风，使风把帆的一面吹得鼓起，弯成一个翼面。气流产生的吸力以垂直风向的角度推动帆。风浪板就会向前航行。

热气球

“热空气上升，冷空气下降。”热气球就是利用这个原理飞向空中的。热气球由一个巨大的气囊、吊篮和燃烧器组成。燃烧器用于加热空气，当它把加热的空气喷入气囊时，受热的空气会膨胀，热空气比冷空气轻，整个热气球的重量就会因此变轻，从而升上天空。

热气球的气囊通常是用强化尼龙或者涤纶等质量较轻又很结实的材料制成的。

加热器是热气球的心脏，用很大的能量燃烧压缩气，还能保持住火种，即使被风吹，也不会熄灭。另外，热气球还有两个燃烧系统以防止空中出现的故障。

孔明灯

孔明灯一般是用竹条编成圆桶形，外面用薄薄的白纸做外罩，底部支架用竹棒架好，开口朝下，固定好放置燃料的细铁丝，燃料通常为沾满油的碎布。燃料燃烧使孔明灯中的空气受热膨胀，当自身重力小于浮力时，孔明灯就能飞上天了。

热气球没有推进装置。升空后便随风飘浮，加热器周期性地燃烧，使它维持在不变的高度。

热气球的上升与下降

①热气球的加热器将气囊中的空气加热到100℃左右。空气受热膨胀，约有1/4的热空气从气囊底部逸出，当热气球总重量小于浮力时，热气球便上升。

②关闭加热器，气囊中的空气冷却下来，外部的空气从气囊底部进入，当热气球总重量大于浮力时，热气球便下沉。

热气球用的燃料通常是丙烷或液化气，**燃料罐**固定在气囊口处。

滑翔机

奥托·李林塔尔
认为滑翔机的形状对它的飞行性能起着决定性的作用，他是第一个将自己的滑翔机命名为“飞机”的人。

很早很早以前，人类就梦想着能够像鸟儿一样飞翔。鸟儿有翅膀就能飞向天空，于是人们便向鸟儿学习，绑着翅膀飞向空中，但是都失败了。经过一代又一代人的努力，19世纪末，一架双翼滑翔机终于问世了，这架滑翔机的外表像一只伸展着两副羽翼的大鸟，尾翼像鸟尾一样高高翘起，它终于实现了人类的梦想。

作用于翼面的力

滑翔机的机翼形状是翼面结构。飞行时空气被翼面分开，翼面上方的气流通过的比翼面下方的气流快，速度快的气流压力比速度慢的气流压力小，因此翼面下方的气流压力要比上方的大，使滑翔机的机翼上升，滑翔机就可以在空中飞翔了。

风筝在有风的情况下才能起飞，要用线拉着它使风向下偏斜，风所施展的反作用力与风筝线的拉力相等，风筝被风托在空中就不会掉下来。

滑翔机和飞机有很大区别，滑翔机是靠作用于机翼上的空气动力来维持在空中的飞行。没有发动机这样的动力系统。滑翔机起飞通常有三种方式：绞盘车牵引、飞机拖曳和橡筋弹射。

热的知识

热也是一种能量，它能导致分子快速运动。物体中的分子都在不断地运动，运动速度越快，物体就越热。所以，物体得到热能后，分子运动的速度就会加快；物体失去热能后，分子运动的速度就会减慢。热量传递有三种形式：热辐射、热传导和热对流。

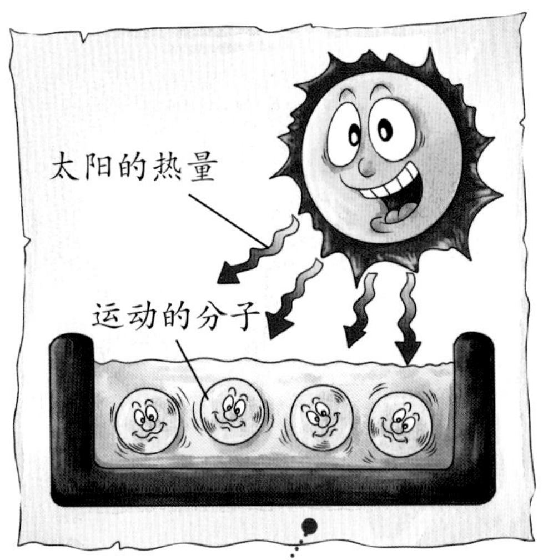

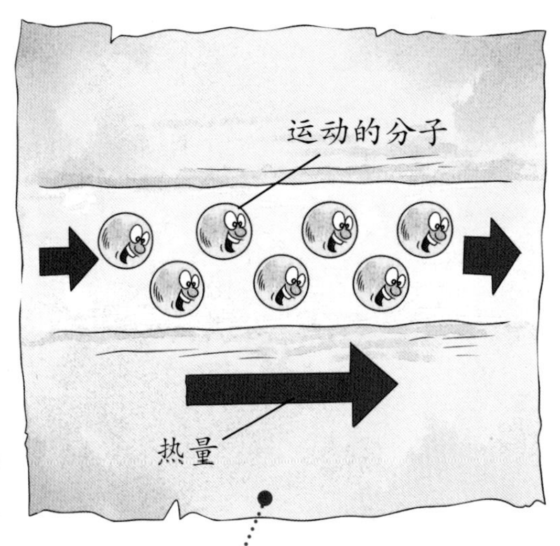

热辐射： 热的物体会辐射电磁波，这种热量的传递方式叫热辐射。温度越高，辐射出的能量就越大。

热传导： 一般情况下，热传导是固体的传热方式，热量通过增加固体分子的振动来传播。

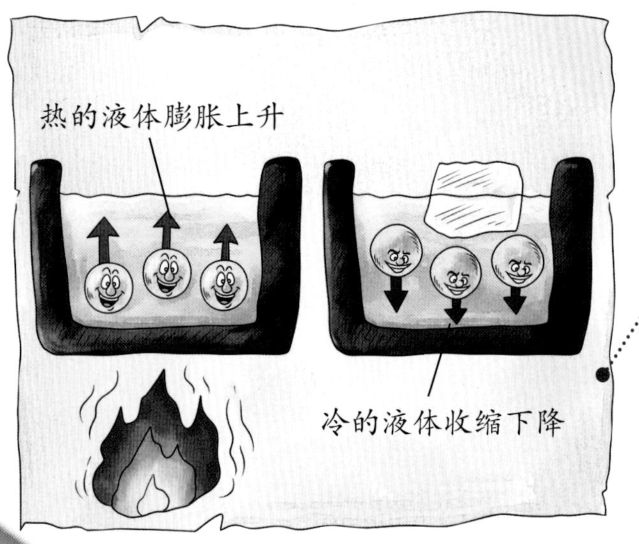

热对流： 液体和气体的分子到处运动，受热后膨胀上升；受冷后收缩下降，这就是对流运动。

蜡烛的燃烧

物质的分子运动越剧烈，温度就越高。如果超过某一温度，它就会在一瞬间和氧气结合，放出大量的热量，这就是燃烧。

蜡烛的燃烧，不是固体的蜡在燃烧，是蜡烛里的棉芯被点燃，放出的热量使固体蜡变成气体的蜡，蜡烛的燃烧是气体的蜡在燃烧。

蜡烛的火焰根据颜色和亮度，可以分为三层：外焰、内焰和焰心。火焰的外侧，氧气充足，蜡烛能充分燃烧，它的温度最高。

火焰的内侧，氧气不容易进去，蜡不容易燃烧，会有许多碳，碳被加热时会发出明亮的橙色，所以，它的颜色是橙色。

太阳能热水器

太阳能热水器，通常分为真空管式和平板式。平板式太阳能热水器的集热器总是高高在上，放置在屋顶上。这个集热器最大的本领是能够捕捉太阳的热量。太阳的红外线穿过集热器的玻璃盖，被里面的吸热膜材料吸收，再传送给内部的金属管，金属管里流动的冷水吸收了热量，流进保温水箱中，这样，我们就可以使用热水啦！

平板型太阳能热水器的吸热面积大，可以与建筑的屋顶巧妙结合。由于集热器内部不是真空的，气温较低时，它的集热性能较差，需要使用电来辅助加热。

平板型太阳能热水器适合在冬天不结冰的南方地区使用。

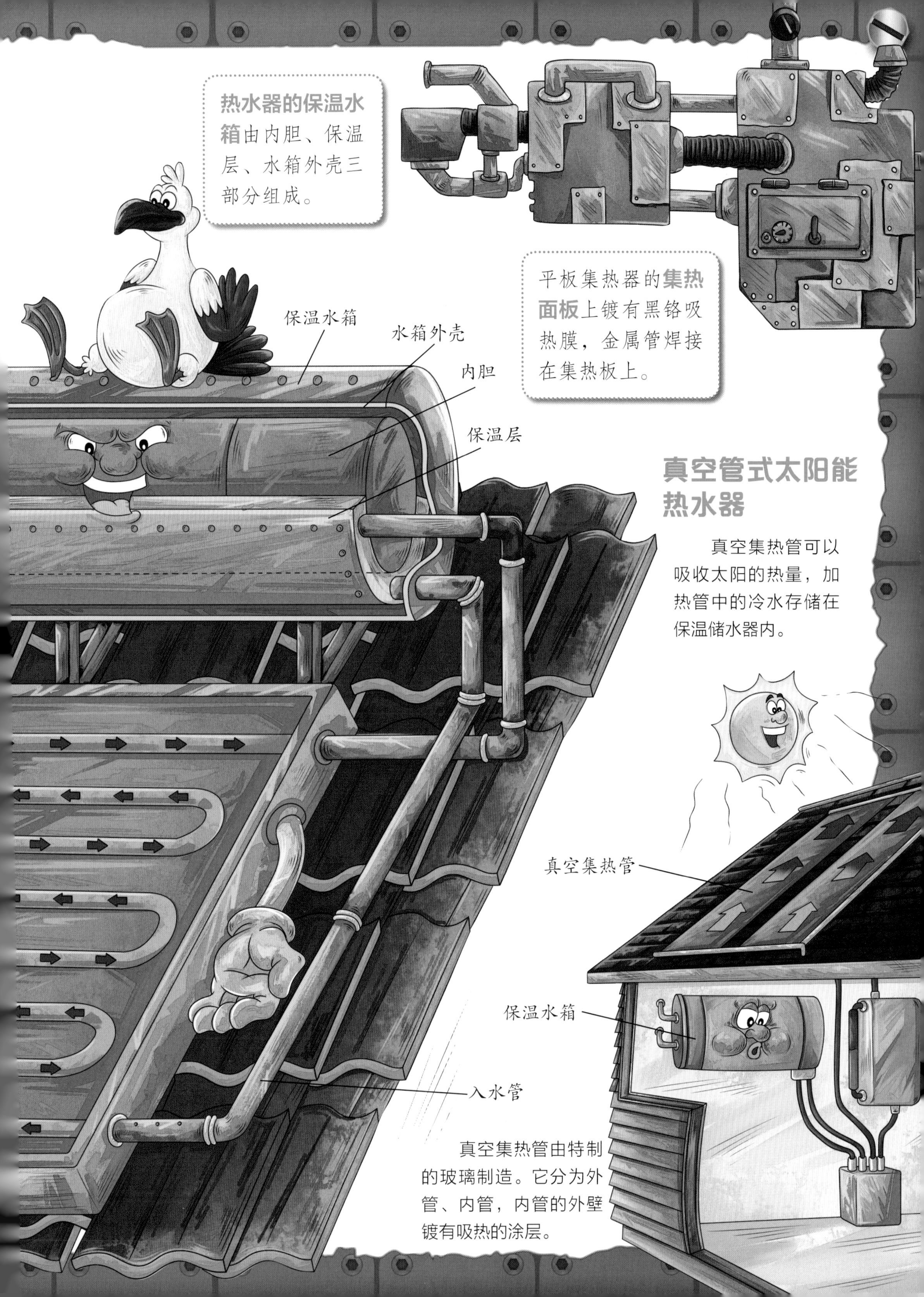

真空管式太阳能热水器

真空集热管可以吸收太阳的热量，加热管中的冷水存储在保温储水器内。

真空集热管由特制的玻璃制造。它分为外管、内管，内管的外壁镀有吸热的涂层。

微波炉

微波炉是利用微波辐射来加热食物的。微波炉内有个磁控管，可以产生微波射线，这种射线有很高的加热能力。微波炉里还有个反射扇，当微波射线碰到旋转的反射扇时，就可以从各个方向反射到食物上，将食物快速加热。

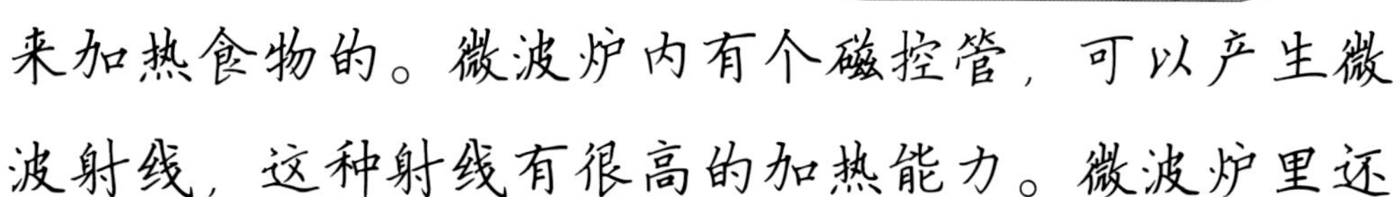

微波加热的原理

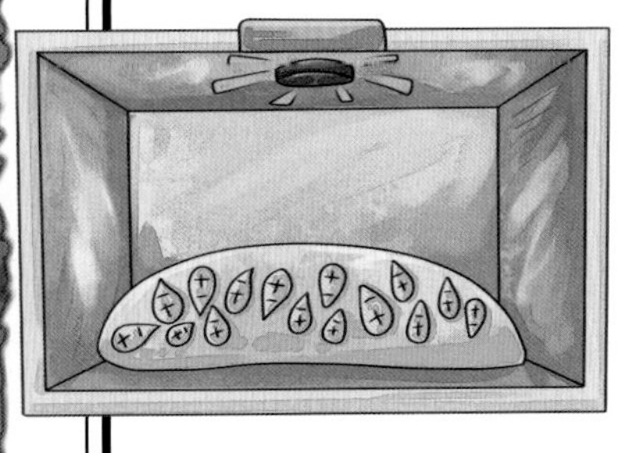

用专用的微波炉器皿盛好食物，放入微波炉内。当微波炉不工作的时候，食物中水分子的排列是没有规律的，正极和负极会指向任何方向。

微波炉开始工作后，微波辐射到食物上，食物中的水分子排列会随着微波场的变动而变动。

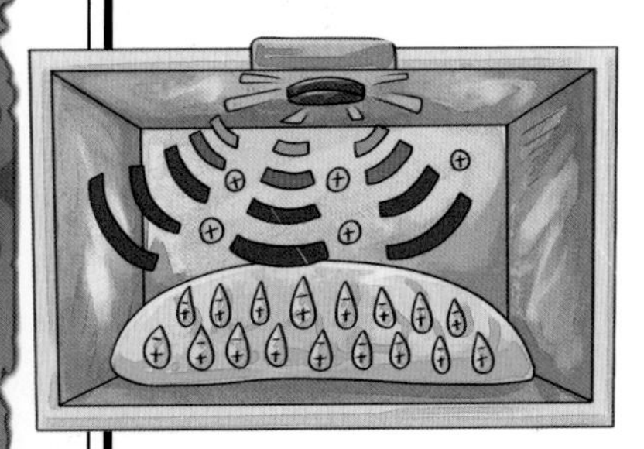

食物中的水分子以极快的速度运动，相邻的水分子出现了类似摩擦的现象，从而产生了热量，食物的温度随之升高。

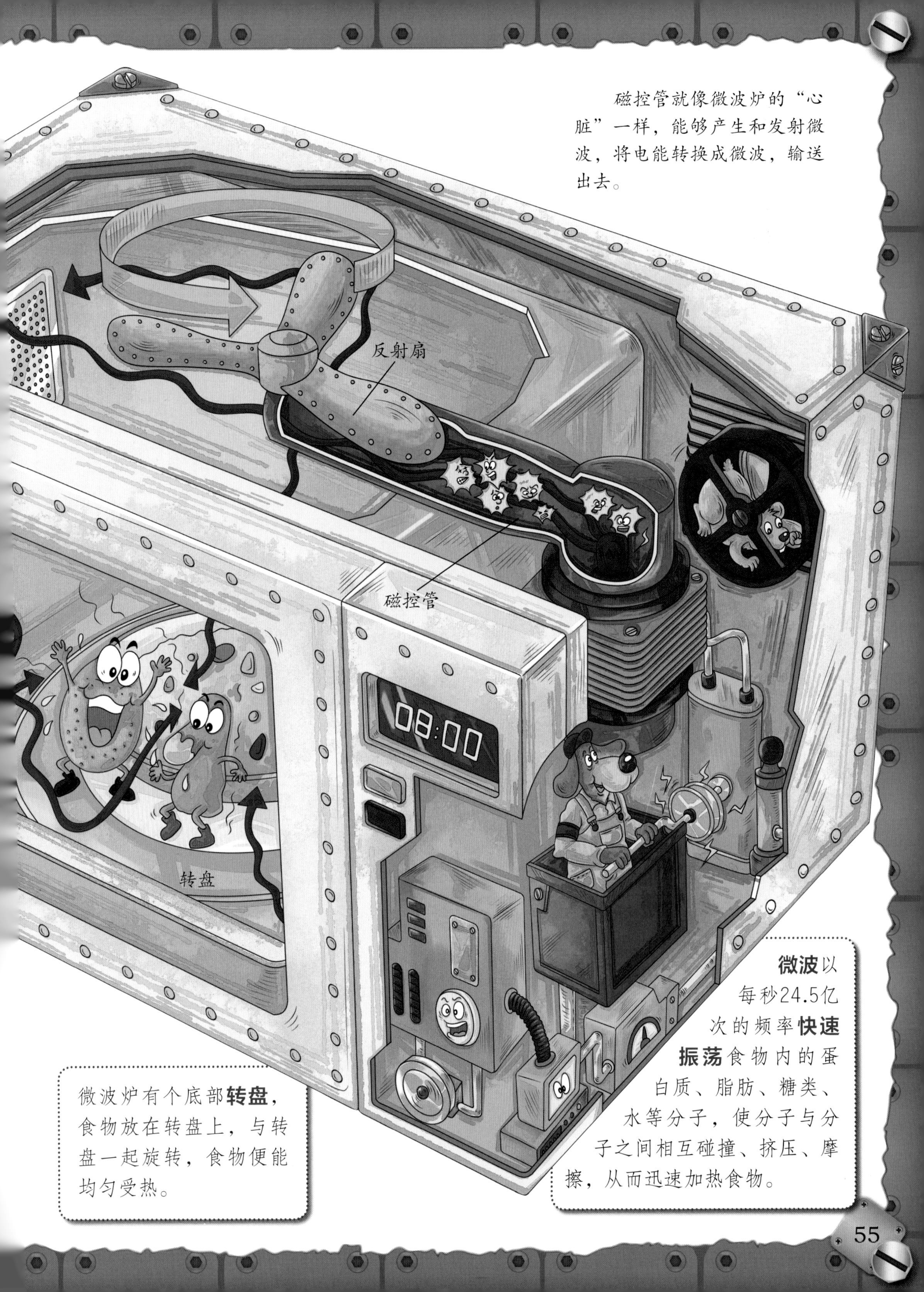
磁控管就像微波炉的“心脏”一样，能够产生和发射微波，将电能转换成微波，输送出去。
反射扇
磁控管
08:00
转盘
微波以每秒24.5亿次的频率**快速振荡**食物内的蛋白质、脂肪、糖类、水等分子，使分子与分子之间相互碰撞、挤压、摩擦，从而迅速加热食物。
微波炉有个底部**转盘**，食物放在转盘上，与转盘一起旋转，食物便能均匀受热。

真空保温瓶

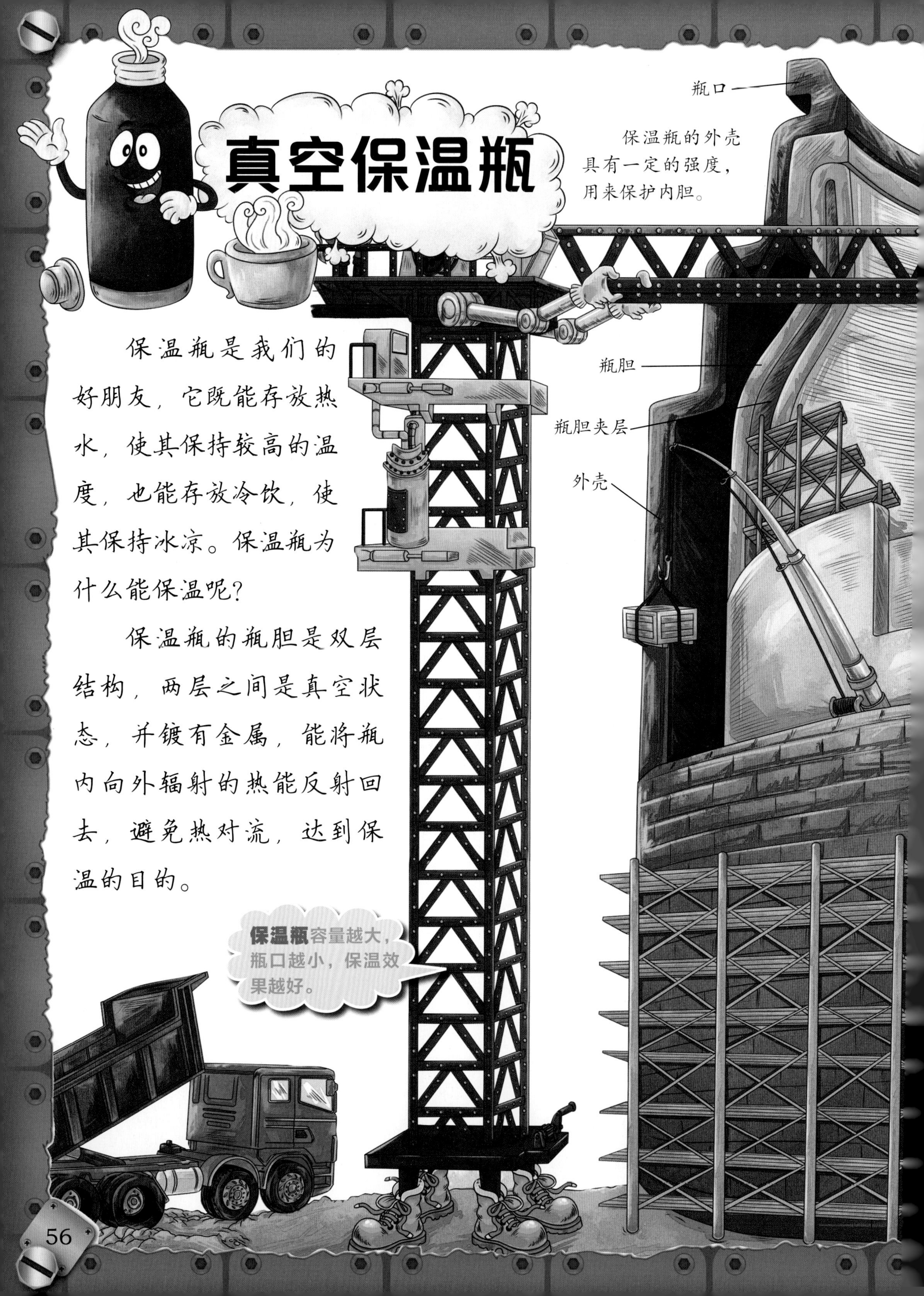

保温瓶是我们的好朋友，它既能存放热水，使其保持较高的温度，也能存放冷饮，使其保持冰凉。保温瓶为什么能保温呢？

保温瓶的瓶胆是双层结构，两层之间是真空状态，并镀有金属，能将瓶内向外辐射的热能反射回去，避免热对流，达到保温的目的。

保温瓶的发明

保温瓶是苏格兰的物理学家杜瓦发明的。19世纪末的一天，杜瓦让玻璃匠制作了一个特殊的双层玻璃瓶：将玻璃瓶的两层胆壁都涂上银，像镜子反射光线那样，把向外辐射的热量再反射回瓶内；把两层之间的空气抽掉，形成真空，以防止空气因对流而散热。瓶口盖上瓶塞，防止热量从瓶口散出去。最后，他做了一个坚固的外壳，用来保护易碎的玻璃瓶胆。这个玻璃瓶就是世界上最早的保温瓶。

烤面包机

烤面包机是利用电热器加热面包片的。当你把面包片压进烤面包机的弹簧架子上时，电热器的电源开关会自动打开，电热器开始工作，电热丝温度升高。面包烤好后，定时器会把电源关掉，弹簧架子自动弹出面包，香酥可口的面包就烤好了。

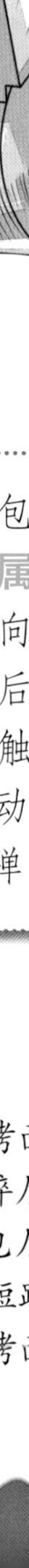

电热器

电热丝

架子把手

开始烤面包时，温度升高，**金属簧片**就会膨胀，并向外弯曲。面包烤好后，簧片与解扣片接触，接通电流，启动螺线管，将面包弹出。

控制杆

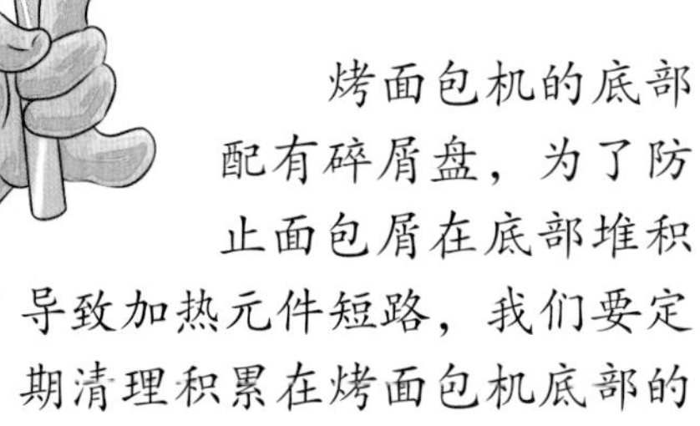

烤面包机的底部配有碎屑盘，为了防止面包屑在底部堆积导致加热元件短路，我们要定期清理积累在烤面包机底部的面包屑。

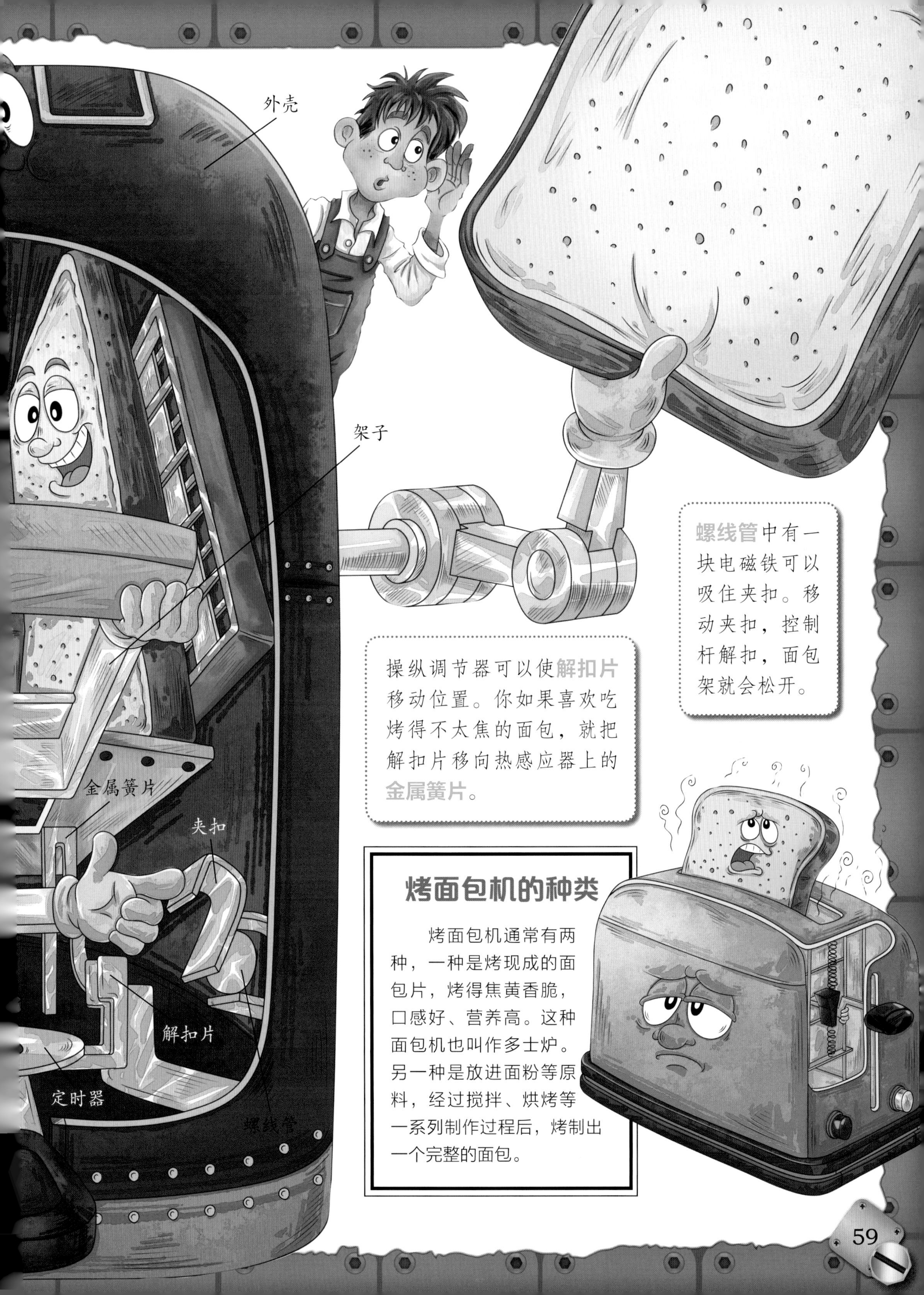

烤面包机的种类

烤面包机通常有两种，一种是烤现成的面包片，烤得焦黄香脆，口感好、营养高。这种面包机也叫作多士炉。另一种是放进面粉等原料，经过搅拌、烘烤等一系列制作过程后，烤制出一个完整的面包。

电冰箱

电冰箱家族有好多兄弟姐妹，不仅有单开门、双开门电冰箱，还有三开门电冰箱。这些电冰箱的制冷原理都是一样的，冰箱中有液态的制冷剂，它们在蒸发变为气体的过程中，会吸收热量，从而达到制冷的效果。

电冰箱通电后，压缩机压缩液态制冷剂，使其转化为高温高压的气态，随后，气态制冷剂被输送到冷凝器中。

气态制冷剂进入冷凝器后，会变为液态，在这个过程中，温度会降低。

电冰箱的制冷循环是由恒温器控制的。当电冰箱内的温度上升到控制的温度时，恒温器就会启动压缩机工作。当电冰箱内的温度降到控制的温度时，压缩机就会停止工作。

古时候的“冰箱”

中国古代很早就有了“冰箱”，据记载，那时候的“冰箱”像个大盒子，内部是空的。只要把冰块放在里面，再把食物放在冰块的中间，就可以对食物进行保鲜了。

空调

空调不仅能吹出冷冷的凉风，还能吹出暖暖的热风，这要归功于一种叫作“氟利昂”的制冷剂。“氟利昂”由气态变为液态时，会释放大量的热量；而由液态变为气态时，又会吸收大量的热量。所以，通过特殊的装置，让空调里的“氟利昂”来回变化状态，就能放出冷气或热气了。

壁挂式空调分为室外机和室内机，当室内机吹冷风时，室外机吹出的则是热风；当室内机吹出的是热风时，室外机则会吹出冷风。

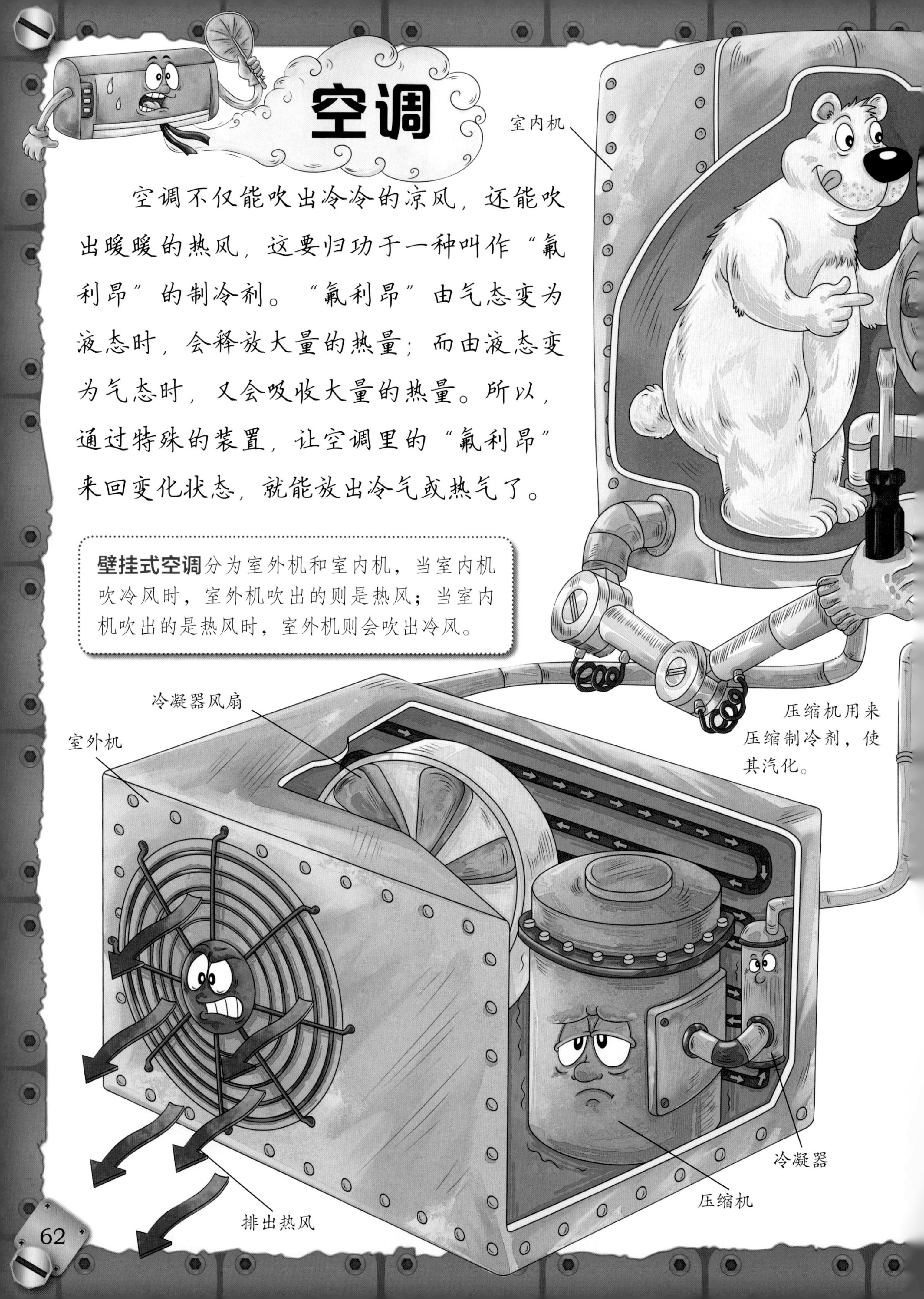

室内机的风扇将室内的空气从蒸发器中吹过，所以室内机吹出来的就是冷风。

冷凝器内的压力较低，可以使气体变为液体，同时释放出热量。

空调的危害

频繁使用空调时，会出现浑身无力、咳嗽等症状，还会让人的血管急剧收缩，血流不畅，使关节受损、受冷，导致关节痛。

蒸发器负责冷却工作。蒸发器盘管内的冷却剂由液态变为气态时，会吸收周围的热量。

温度计

你了解热胀冷缩吗？温度计的细管中通常装着酒精或水银。当它受热时，体积膨胀，细管内的液面上升；受冷时，体积缩小，细管内的液面下降。下面，给大家介绍一种特殊的温度计——悉氏温度计，它可以同时记录两个极端温度值。

悉氏温度计也叫最高最低温度计。它能在测量时间内测出所达到的最高温度和最低温度，但不能记录确切的时间。

U形管的两端含有**酒精**，中间是**水银**。高温时，最低刻度线上面的酒精球中的酒精会膨胀，把水银推到最高刻度上。金属指示器到达最高点以后就停在这里。

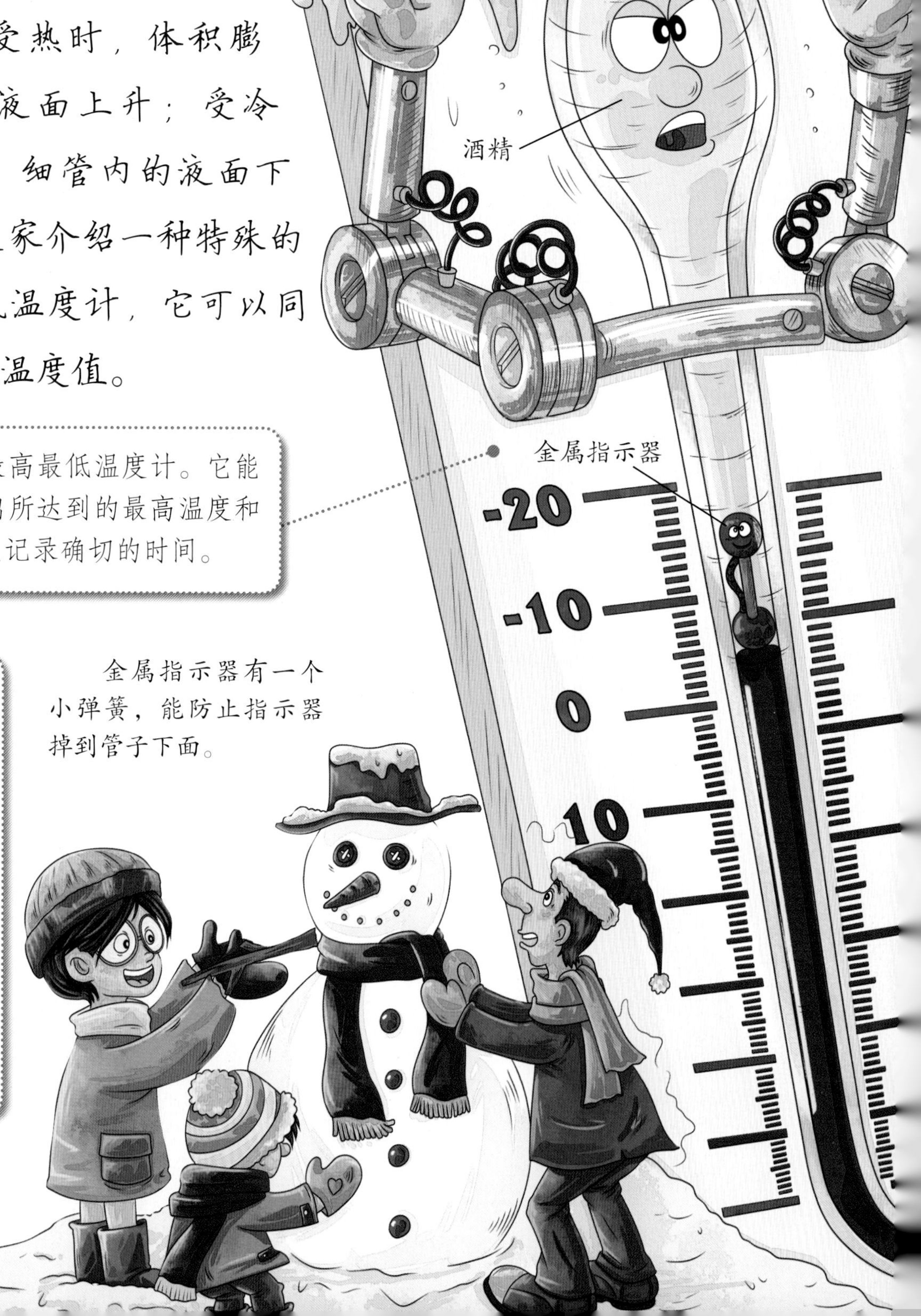

磁铁能将金属指示器吸回到水银表面，以便重新校正。
最低刻度线上面的酒精球中的酒精收缩，另一个球中的空气把水银推到最低刻度，将指示器移到该刻度上。
U形管
140
120
100
80
60
40
20
0
60
50
40
30
20
10
0
-10
-20
体温计
人体的温度变化一般在35～42℃之间，所以体温计的刻度通常是35～42℃。水银温度计下面有个液泡，里面储存着水银。受热时，水银会膨胀，沿着狭窄的细管上升。体温增加时，细管内的水银会上升。测量完体温后，需要用力甩体温计，使水银回到液泡里。
16世纪，伽利略发明了世界上第一个温度计，但是，直到300年后，才设计出使用方便、性能可靠的体温计。

吹风机

你们想了解吹风机里面隐藏的小秘密吗？吹风机里有很长很长的电热丝，通电后，电热丝能瞬间产生大量的热。电热丝的后面有个小小的风扇，风扇会往外吹出热风，不一会儿，就能把湿漉漉的头发吹干。

吹风机的妙用

我们知道，吹风机是用来吹干头发的。你们知道吹风机还有其他什么妙用吗？

在浴室洗澡时，浴室里的镜子上会有一层雾，这时，你用吹风机对着镜子吹一吹，镜子上的雾很快就不见了。寒冷的冬天，如果你的手、脚冻麻了，吹风机的热风会让你很舒服。

风扇马达
风扇
电热丝
开关
恒温器
吹风机装有恒温器，当吹风机内部温度过高时，恒温器会自动切断电源，确保吹风机在正常的温度下工作。
电热丝是由金属材料制成的，当有电流通过时，电阻丝就会烧红，产生热量，这时，风扇将电热丝发出的热吹出来，形成了热风。
电热丝后面有个**风扇**，这样就能吹出**热气流**。如果气流受阻，里面的空气过热，恒温器就会切断电源。
外壳对内部器件起到保护的作用。外壳有的是金属制成的，可以承受较高的温度，十分耐用；有的是塑料制成的，拿起来很轻，绝缘性能好，但是不耐高温。

飞出去的子弹

子弹由弹头，弹壳、发射火药和底火4个部分构成。子弹弹壳里的炸药叫发射火药，它的燃烧速度非常快，能瞬间产生大量的热量和气体，并向一个方向快速膨胀，使子弹的弹头脱离枪管飞速射出。弹壳底部的炸药叫底火，它是引爆火药，由枪膛里撞针撞击引爆，点燃弹壳内的发射火药。

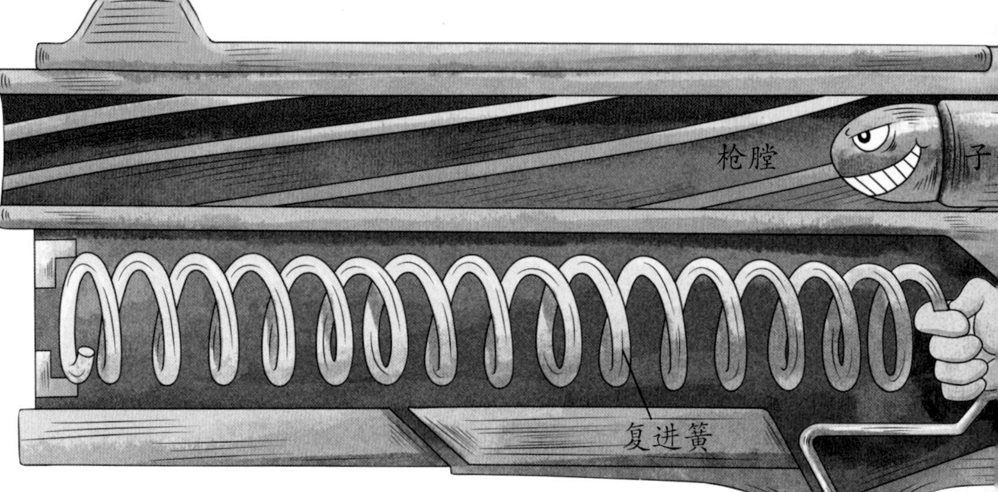

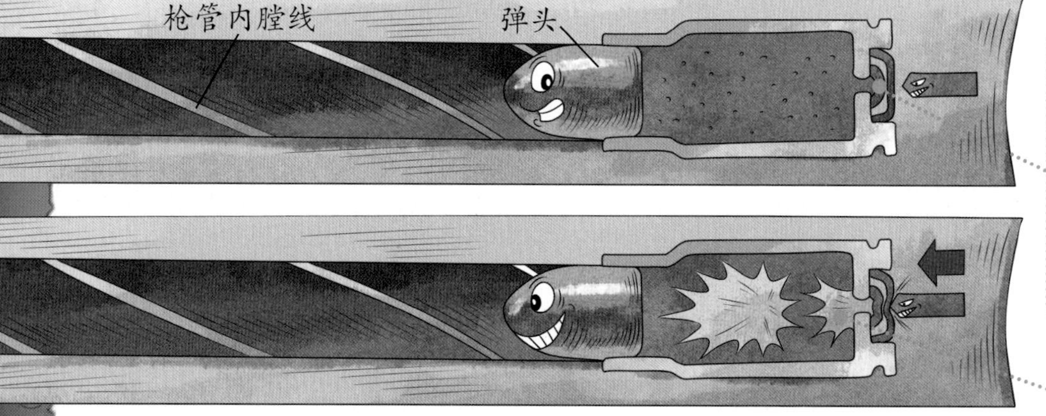

底火由传火孔、发火砧和引爆火药组成，撞针撞击使底火里的引爆火药燃烧。

引爆火药燃烧使弹壳内的发射火药瞬间燃烧，同时产生高温高压的气体，将弹头从弹壳内射出。

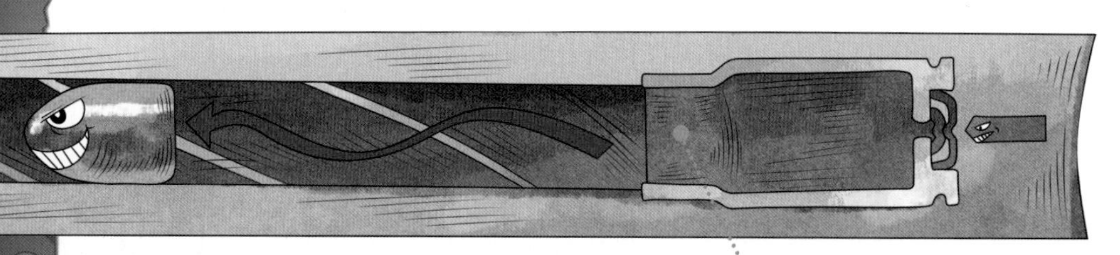

这时的**弹头**在**发射火药**产生的爆炸气体的推动下向前移动，受到枪管内膛线的挤压，产生旋转，最终被推出弹膛，子弹瞬间就被发射出去。

底火的成分
子弹底火的成分通常为雷汞、氯酸钾和一些稳定剂，它在装进底火帽里时，要留出一些空间，防止底火意外引爆。
撞针
回针簧
击锤
装有子弹的子弹匣。
击锤簧
发射火药的主要成分是硝化棉。

钢铁是怎样炼成的?

钢和铁是从哪里来的?铁矿砂是铁和氧的化合物,生铁是从铁矿砂中提炼出来的,钢是由生铁冶炼而成的。铁矿砂和焦炭等材料混合在一起,放入鼓风炉里,焦炭给铁矿砂加热,发生化学反应生成生铁,这时的生铁里含有大量的碳。把生铁放进炼钢炉中,除去生铁里的碳,钢就被冶炼出来了。

生铁放进炼钢炉后,通过管子向生铁吹氧气。氧气消耗掉生铁里多余的碳,使生铁变成钢。炼钢炉的废气经净化后排出。

热风炉为流向鼓风炉的空气加热,鼓风炉里一氧化碳燃烧,从而加热热风炉的内部。

铁矿砂中的杂质会形成炉渣,炉渣与铁分离,被从鼓风炉中取出,生铁进入炼钢炉。

合金钢

往钢里加一些金属元素，它就会有不同的性能。加入铬，可以产生耐腐蚀的合金不锈钢；加入钨，它的硬度很高，可以用来做切削工具；加入镍，能提高钢的强度，并能保持钢的韧性，可以用来建造大跨度的桥梁。

航天飞机

航天飞机是个庞然大物，有好几层楼那么高，它长着三角形的翅膀，尖尖的脑袋，圆圆的身体。它能飞向宇宙，给空间站运送航天员，那么，航天飞机是火箭还是飞机呢？

其实，它既可以被称为飞机，又可以被称为火箭，离开地球时，它能够像火箭那样驱动，返回时，又可以像一架滑翔机一样飞回地面。

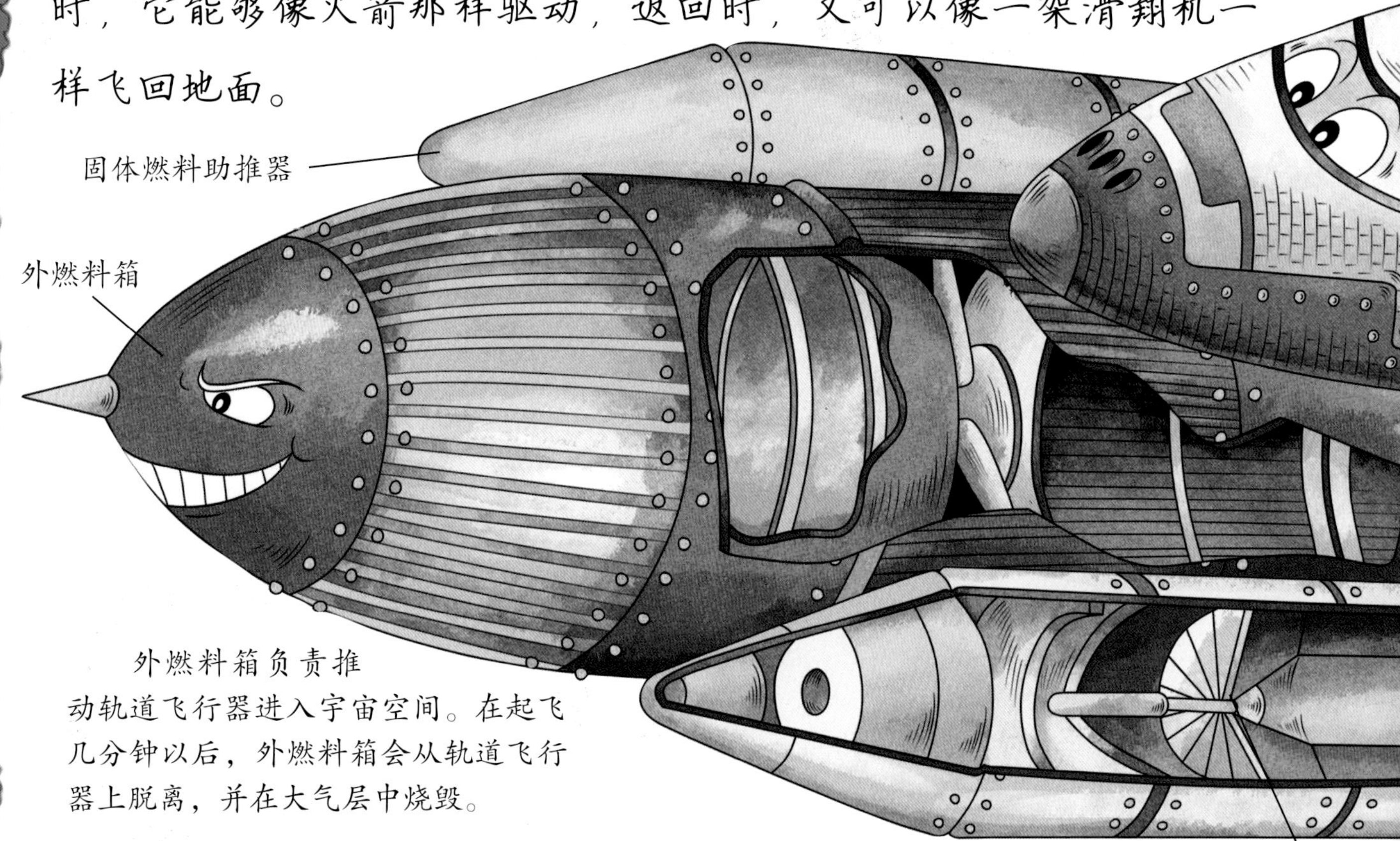

外燃料箱负责推动轨道飞行器进入宇宙空间。在起飞几分钟以后，外燃料箱会从轨道飞行器上脱离，并在大气层中烧毁。

巨大的圆柱形**外燃料箱**负责为航天飞机的发动机提供燃料。它固定在轨道飞行器的外面。这个燃料箱可以承载上百吨的液态氧和液态氢。

固体燃料助推器固定在外燃料箱两侧，负责为航天飞机的垂直起飞提供初始推力。助推器与轨道飞行器以及外燃料箱可以一起上升到40多千米的高度。

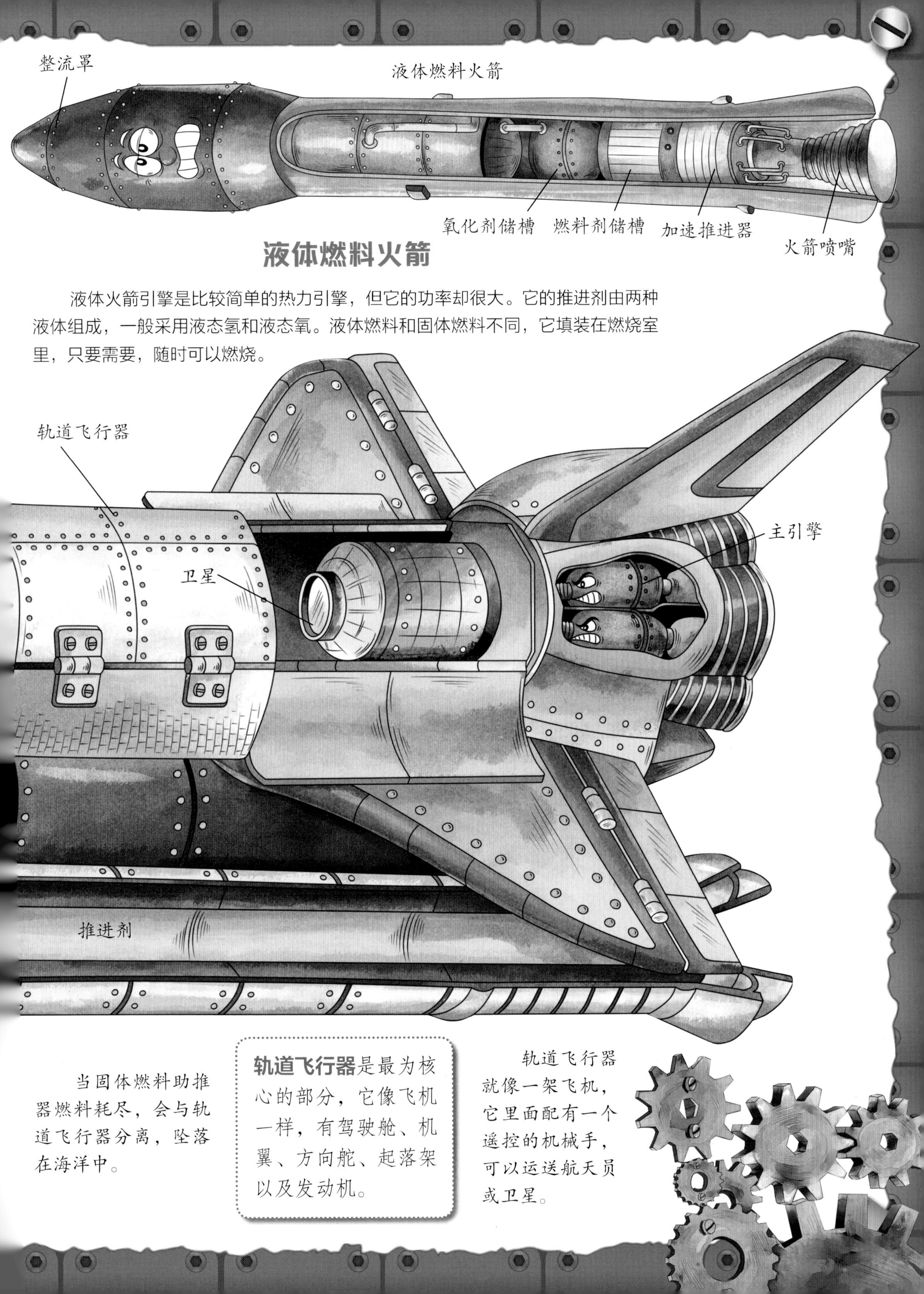

液体燃料火箭

液体火箭引擎是比较简单的热力引擎，但它的功率却很大。它的推进剂由两种液体组成，一般采用液态氢和液态氧。液体燃料和固体燃料不同，它填装在燃烧室里，只要需要，随时可以燃烧。

当固体燃料助推器燃料耗尽，会与轨道飞行器分离，坠落在海洋中。

轨道飞行器是最为核心的部分，它像飞机一样，有驾驶舱、机翼、方向舵、起落架以及发动机。

轨道飞行器就像一架飞机，它里面配有一个遥控的机械手，可以运送航天员或卫星。

光的知识

我们和光线一起去旅行吧，看看会发生什么！光线沿着直线传播，穿过了透明的玻璃，当遇到不透明的物体时，光线被反射了回来，物体留下了影子。光线继续往前走，遇到了三棱镜，并发生了折射，光线变成了7种颜色。下雨了，光线在空中遇到了小水滴，每个小水滴好像一个三棱镜，光线又被分解成了7种颜色，天空中便出现了彩虹。

光源所发出的光线是向四周发散的，当光线遇到物体时会被反射回来。当一个物体反射的光线进入我们的眼睛时，我们就能看到该物体了。

来自物体的光线经过眼睛时，透过角膜，通过瞳孔，被晶状体折射后在视网膜上形成影像，影像在视神经作用下转变为神经脉冲，传送到大脑的视觉中枢形成视觉。

其实视网膜上的影像是倒立的，经过大脑的“翻译”才能变成正立。

凸透镜具有汇聚光线的作用，物体各处发散光线通过凸透镜被汇聚在一个平面上，形成倒立的影像。

内窥镜

在医院，病人身体里某个器官出现问题时，医生要给病人做检查，有时会使用内窥镜。

内窥镜是一种非常精密的医学仪器，它由可弯曲部分、光源和一组镜头组成。可弯曲部分是一种能传导光线的光纤，光纤外包覆的玻璃膜可以反射光线，使光线沿着光纤芯传播。医生使用它时，将内窥镜软管插入人体中，通过目镜控制器来监控，就可以观察病人的身体内部了。

光纤装置借助内部反射，使光线可以穿过一条细窄的高纯度玻璃丝。光纤外包覆的玻璃膜可以反射光线，使光线沿着光纤芯传播。

如果需要调整角度，旋转**角度旋钮**，**软管**就可以弯曲。

内窥镜的**连接器**使光源、空气、水和吸收导管与内窥镜的导管相连。

胶囊内窥镜

胶囊内窥镜是一个非常精密的小仪器。除安装有摄影机、光源外，它还有一个摄像感应传送器，内部还装有一个能够持续很长时间的电池。这样能够让医生有足够的时间来查找病原，并思考如何进行治疗。

双筒望远镜基本上是由两个小折射式望远镜组合而成的。

双筒望远镜

望远镜的“眼神”很好，不管是远处的高山，还是近处的高楼，都能看得一清二楚。望远镜为什么有这么大的本领呢？

望远镜不仅有物镜和目镜，在它们之间还有一对可以反射光线的棱镜，那么，在望远镜中，物镜、目镜和棱镜各有什么作用呢？让我们一起去了解一下吧！

双筒望远镜前面的直径大、焦距长的**凸透镜**，叫作**物镜**。

物镜使物体形成一个上下颠倒、左右相反的影像。第一个**棱镜**将影像左右相反，第二个棱镜再将影像正立，这样影像就和物体一样。

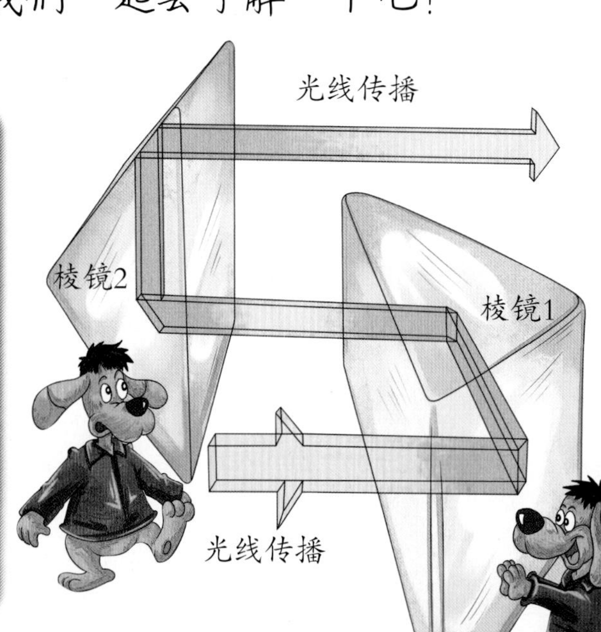

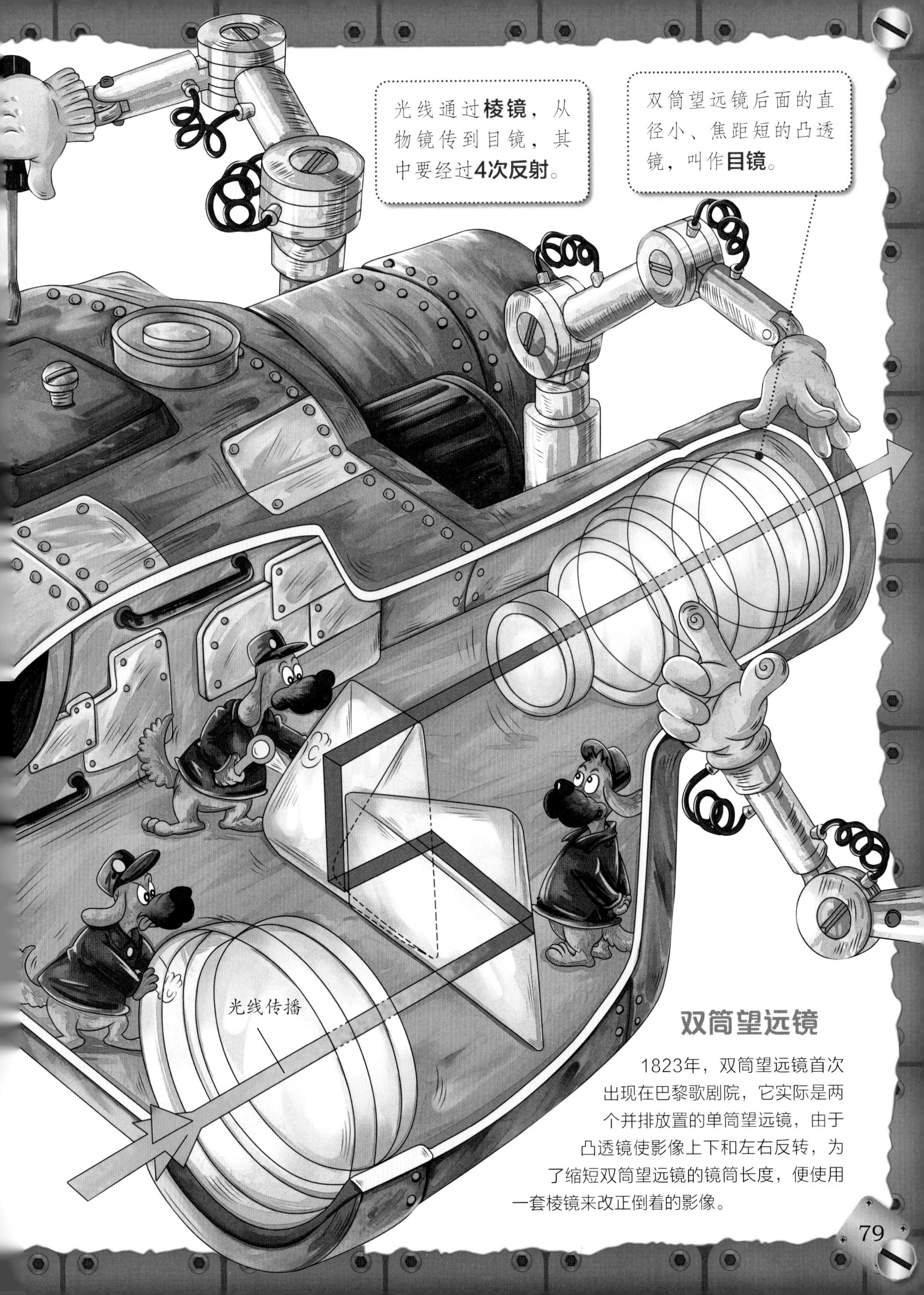

双筒望远镜

1823年，双筒望远镜首次出现在巴黎歌剧院，它实际是两个并排放置的单筒望远镜，由于凸透镜使影像上下和左右反转，为了缩短双筒望远镜的镜筒长度，便使用一套棱镜来改正倒着的影像。

天文望远镜

天文望远镜可以观察遥远的星空，它通常分为折射式天文望远镜和反射式天文望远镜。折射式天文望远镜和普通望远镜的原理相似，它有一个长长的圆筒，对着天空的口径很大，很适合观察太阳系内的天体。反射式天文望远镜像一个粗大的圆筒，更适合观察宇宙深处的天体。

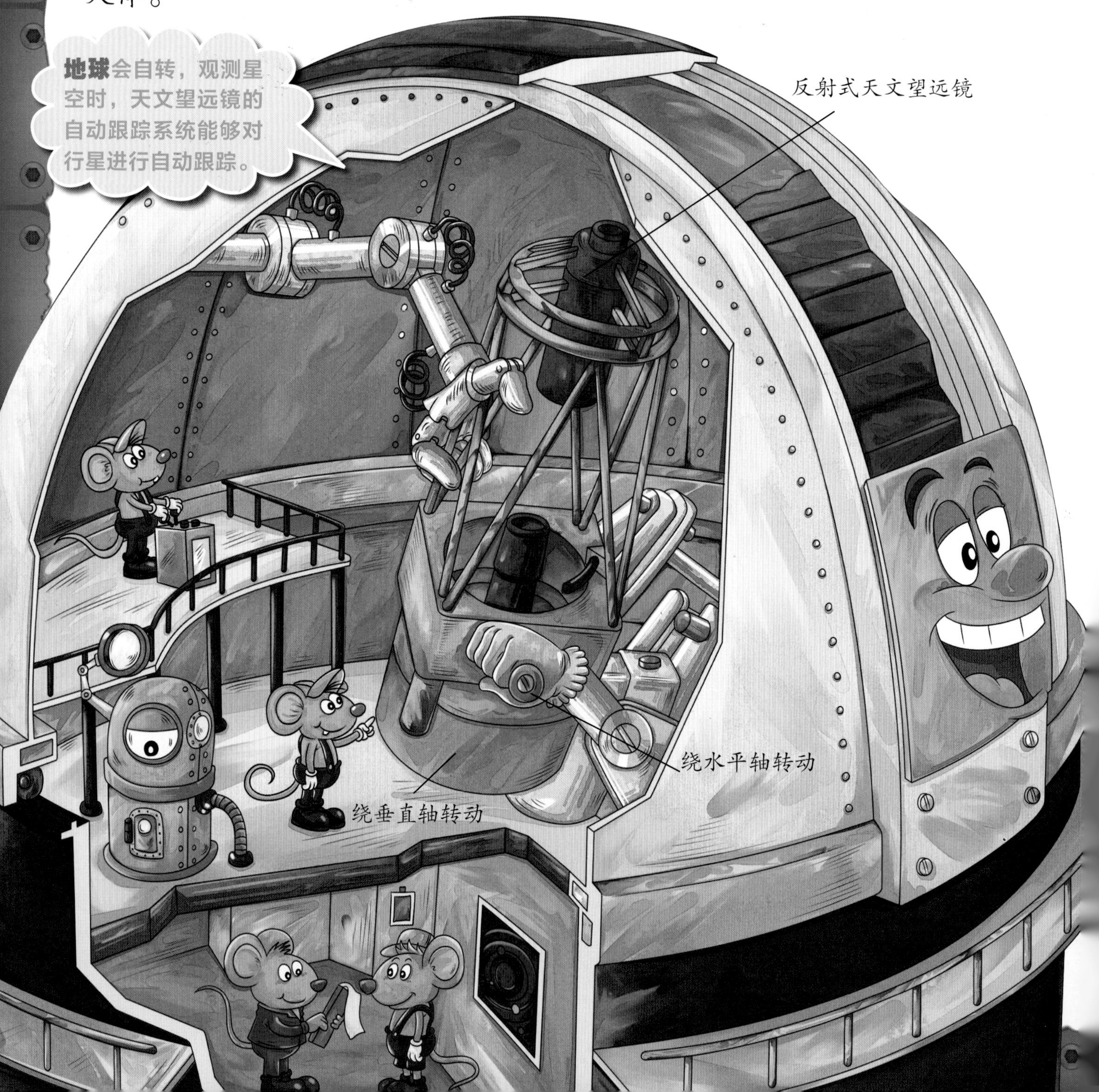

反射式天文望远镜

折射式天文望远镜是由一面物镜形成上下颠倒的实像，通常还可以用一个额外的凸透镜将实像反转为正立，再通过目镜来观察。

反射式天文望远镜是由一面**凹透镜**(主镜)形成实像，一个副镜来反射来自主镜的光线，如此便可以在主镜下面或侧面形成实像，人们可以通过目镜来观察。

反射式天文望远镜在天文观察中极其重要，因为主镜可以做得非常大，从而接收大量光线，使模糊不清的物体可以观察到。

液晶电视屏幕上的图像是由数十万个被称为像素的光点构成的。

液晶电视

20世纪30年代，黑白电视机就出现了，如今，电视机变得越来越先进，越来越美观。现在的液晶电视机更薄、更轻，它的颜色也很好看，像一本大大的书挂在墙上。那么，液晶电视机是如何呈现出绚丽色彩的呢？我们一起来了解一下它的奥秘吧！

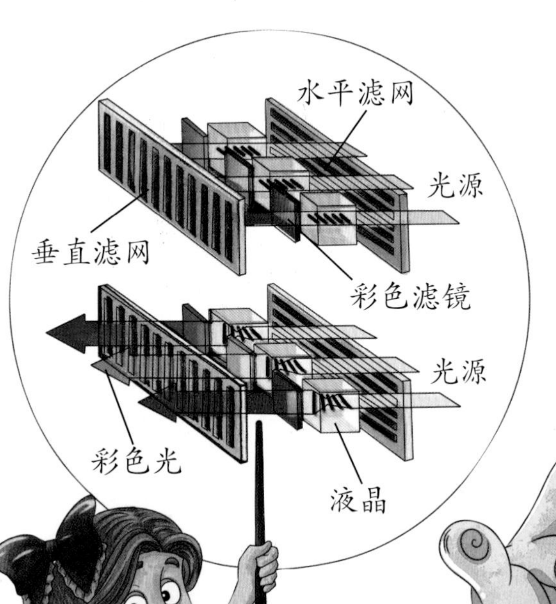

液晶

液晶屏幕是由两块玻璃板组成，玻璃板中含有液晶分子，它可以根据电流激活的不同程度让或多或少的光线透过。

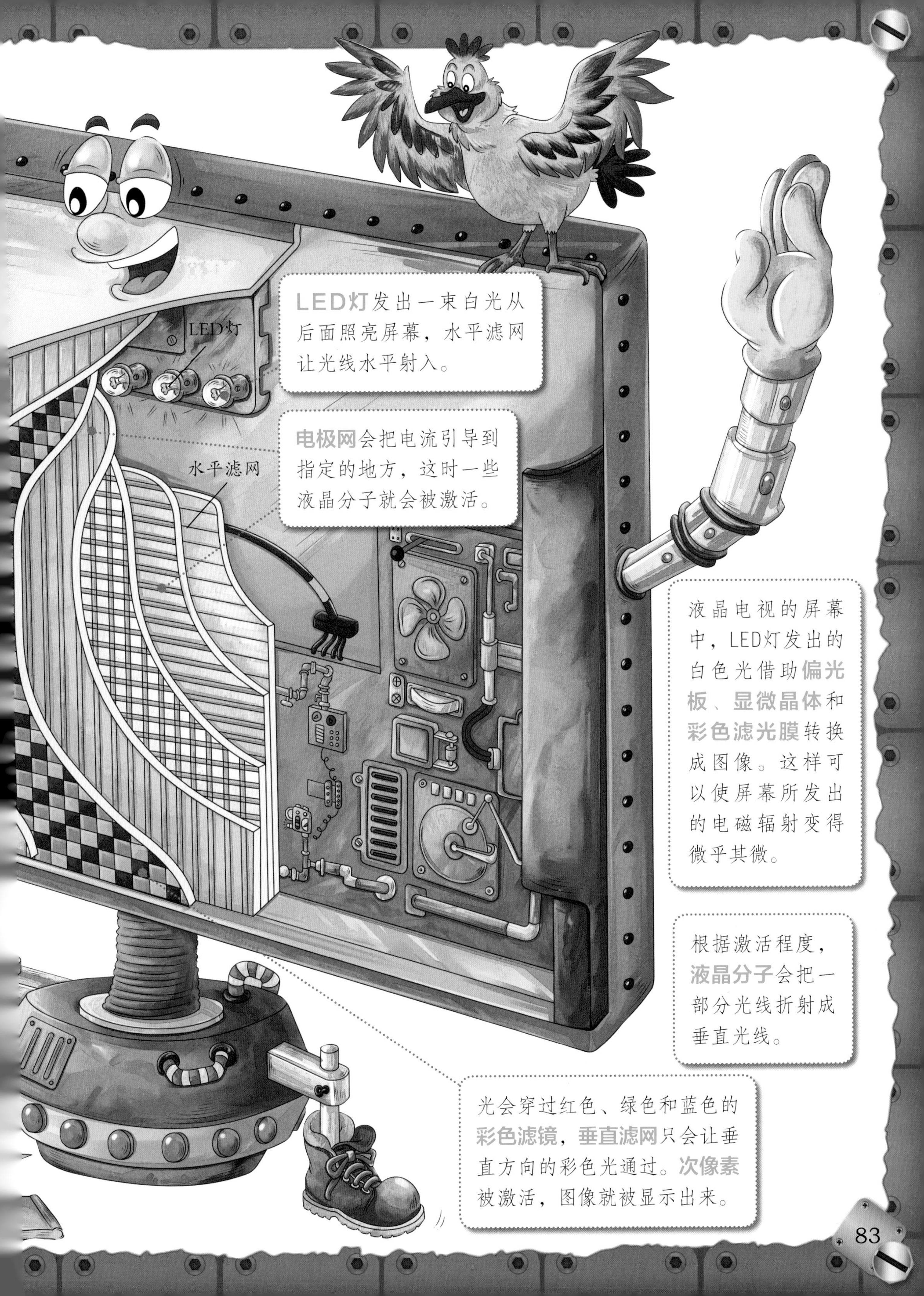
LED灯发出一束白光从后面照亮屏幕，水平滤网让光线水平射入。
LED灯
电极网会把电流引导到指定的地方，这时一些液晶分子就会被激活。
水平滤网
液晶电视的屏幕中，LED灯发出的白色光借助偏光板、显微晶体和彩色滤光膜转换成图像。这样可以使屏幕所发出的电磁辐射变得微乎其微。
根据激活程度，液晶分子会把一部分光线折射成垂直光线。
光会穿过红色、绿色和蓝色的彩色滤镜，垂直滤网只会让垂直方向的彩色光通过。次像素被激活，图像就被显示出来。

电影放映机

你知道胶片式电影放映机放电影的原理吗？电影胶片由很多静止的图像组成，放映机利用光线透射电影胶片上的图像，再通过镜头投映到荧幕上。看电影时，这些图像快速地连续放映，我们的眼睛把这些图像组合在一起，大脑便产生了影像。每幅图像的声音记录在底片的边缘，放映机在播放时，与其相匹配的声音由传感器读取，再从扬声器里发出来。这样声音和荧幕上的影像就同步了。

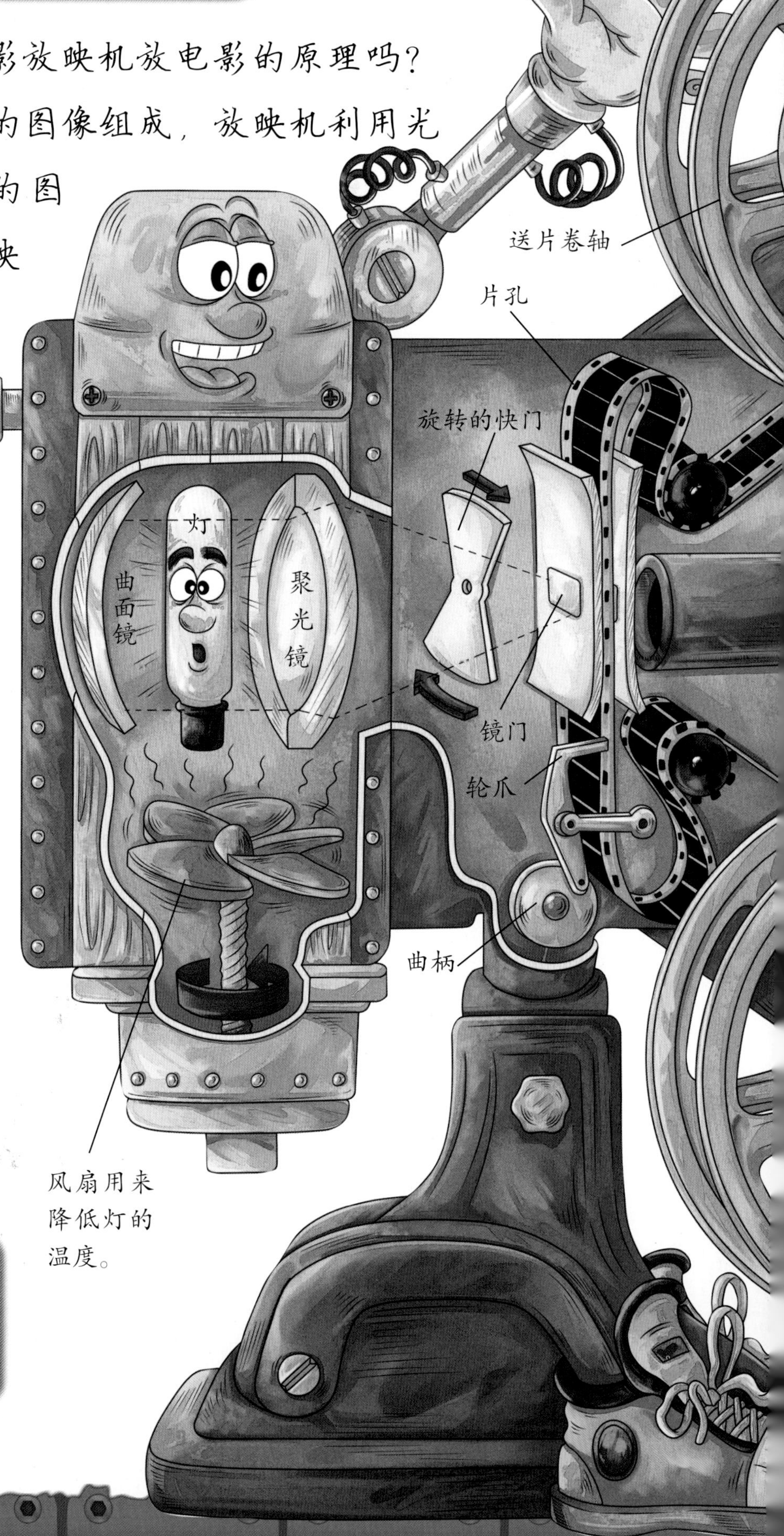

很亮的灯发出光，经**曲面镜**反射和**聚光镜**聚光后，照射在胶片上。

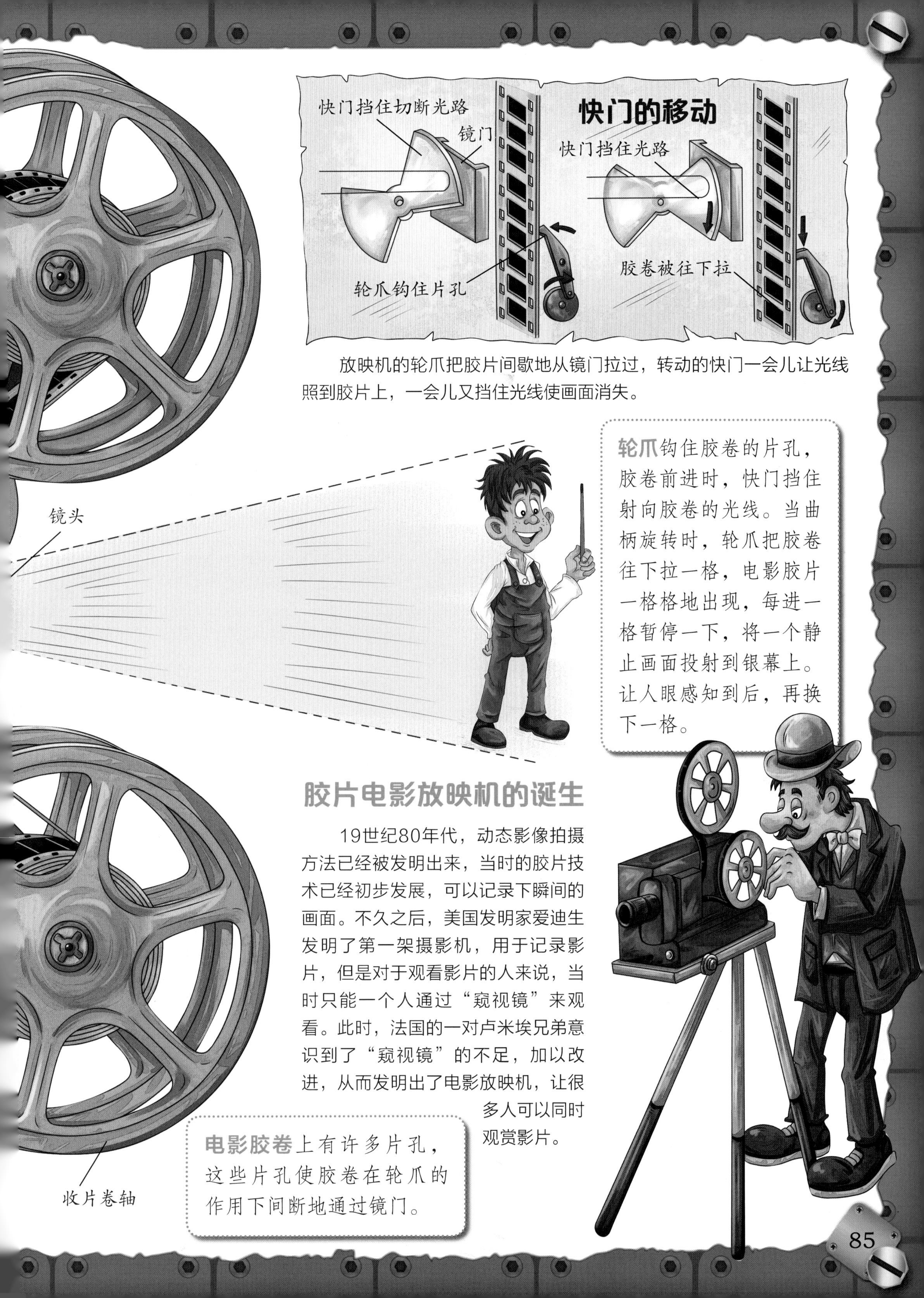

放映机的轮爪把胶片间歇地从镜门拉过，转动的快门一会儿让光线照到胶片上，一会儿又挡住光线使画面消失。

轮爪钩住胶卷的片孔，胶卷前进时，快门挡住射向胶卷的光线。当曲柄旋转时，轮爪把胶卷往下拉一格，电影胶片一格格地出现，每进一格暂停一下，将一个静止画面投射到银幕上。让人眼感知到后，再换下一格。

胶片电影放映机的诞生

19世纪80年代，动态影像拍摄方法已经被发明出来，当时的胶片技术已经初步发展，可以记录下瞬间的画面。不久之后，美国发明家爱迪生发明了第一架摄影机，用于记录影片，但是对于观看影片的人来说，当时只能一个人通过“窥视镜”来观看。此时，法国的一对卢米埃兄弟意识到了“窥视镜”的不足，加以改进，从而发明出了电影放映机，让很多人可以同时观赏影片。

电影胶卷上有许多片孔，这些片孔使胶卷在轮爪的作用下间断地通过镜门。

激光的应用：CD和DVD

CD光盘和DVD光盘可以用来储存声音、图像和影片等数据，那么，我们怎么读取光盘的数据呢？这些数据以微小的凹坑存储在光盘上，被激光照射后，激光束被反射到光电接收器里，光电接收器将其转化为电子信号，再通过数字模拟转换器，就能输出音乐或影像了。

激光头是最精密的部分，主要负责数据的读取工作。它能发出非常细的激光束，照亮光盘的轨道，然后被反射到光电接收器里。

光盘上有凹坑和平台，里面包含了光盘所有的数据。

滑动架随着数据磁道移动。

CD和DVD光盘

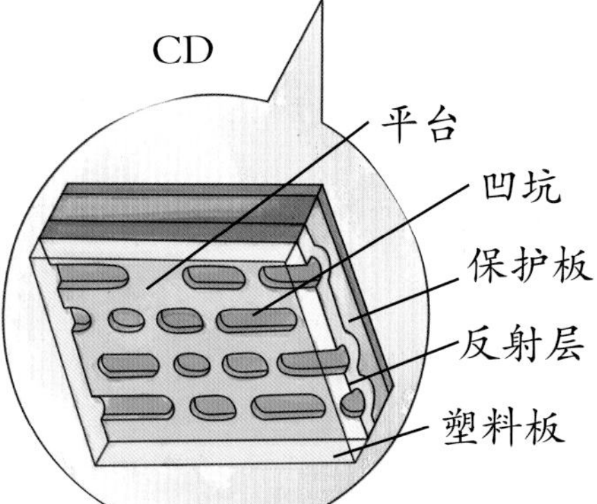

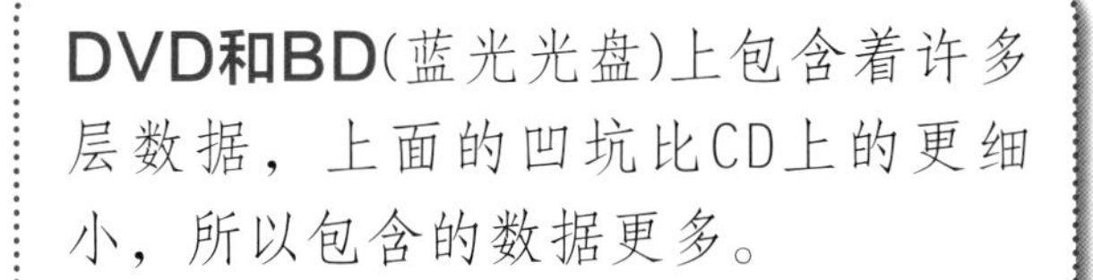

DVD和BD(蓝光光盘)上包含着许多层数据，上面的凹坑比CD上的更细小，所以包含的数据更多。

光电接收器检测到凹坑，把它们转化为电子信号。通过数字模拟转换器输出信息。

光驱的电动马达以固定而准确的速度旋转。

光盘

电动马达

激光头

激光头的工作原理

当激光头读取光盘上的数据时，从激光发生器发出的激光通过反射镜和透镜，聚焦成为极其细小的光点，照射到光盘上。

①激光光束射入光盘上的凹坑，不产生反射，光电接收器没有反应，不产生信号。

②激光光束照射在光盘上的平台上，产生反射，穿过透镜、半透明反射镜，到达光电接收器上面，产生信号。

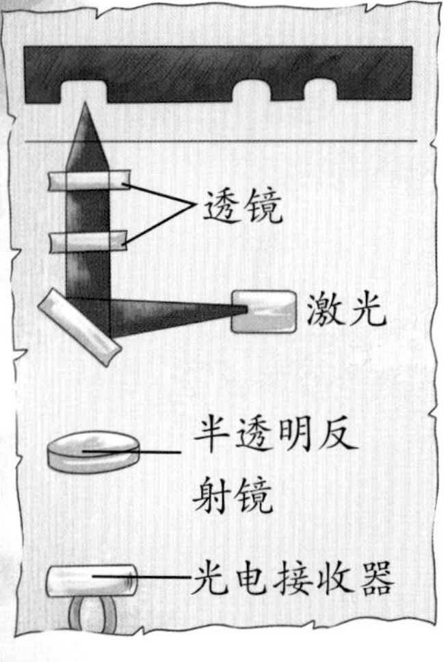

光学显微镜

显微镜下的微观世界很神奇！是一个我们肉眼看不见的世界。显微镜有光学显微镜和电子显微镜，电子显微镜放大的倍数是光学显微镜的1000多倍，可以看到某些金属的原子，而光学显微镜只能看到较大的细胞结构。光学显微镜和折射式天文望远镜的原理相似，只是被观察的标本离物镜更近。下面，让我们了解一下光学显微镜的工作原理吧！

光线经反射镜的反射，由**聚光镜**集中，供给标本足够的光照。

准焦螺旋是用来对准焦距、调节物镜的旋钮。

电子显微镜

光学显微镜放大倍数一般在1600倍左右，但电子显微镜则可将物体放大200万倍以上。

在穿透式电子显微镜中，电子束穿过标本。用一束移动的电子来代替光束，磁聚光镜把电子聚成一束光照在标本上。由导电线圈制成的磁物镜所产生的磁场使电子偏移。标本较厚较密的部分只能通过少量电子。磁投影仪使电子进一步偏移，在显示屏上形成电子影像。

还有一种扫描式电子显微镜，能通过电子束扫描样本，读取表面的信息。最先进的便携式扫描显微镜则是运用量子力学的原理，用极细的探针来读取物体表面的信息，可以实现原子级别的成像。

荷兰人安东尼·范·列文虎克将显微镜真正地用于科学研究试验。他是一位科学家，有微生物学之父的称号。

照明的灯

灯泡：玻璃灯泡的玻璃罩是封闭的，灯泡中的惰性气体可以吸收灯丝的一部分热量。

电灯泡和荧光灯的发光原理一样吗？不一样。电流通过电灯泡的钨灯丝，钨灯丝变热后变亮发光，电灯泡就亮了。荧光灯不像电灯泡那样可以利用灯丝发光，它是利用灯管中的汞蒸气来发光的。荧光灯通电后，汞蒸气在放电过程中会放出紫外线，灯管内侧的荧光涂层吸收了紫外线后，就会发出我们肉眼可见的光。而且荧光灯产生的热量极少，所以，荧光灯不会像电灯泡那样变得很烫。

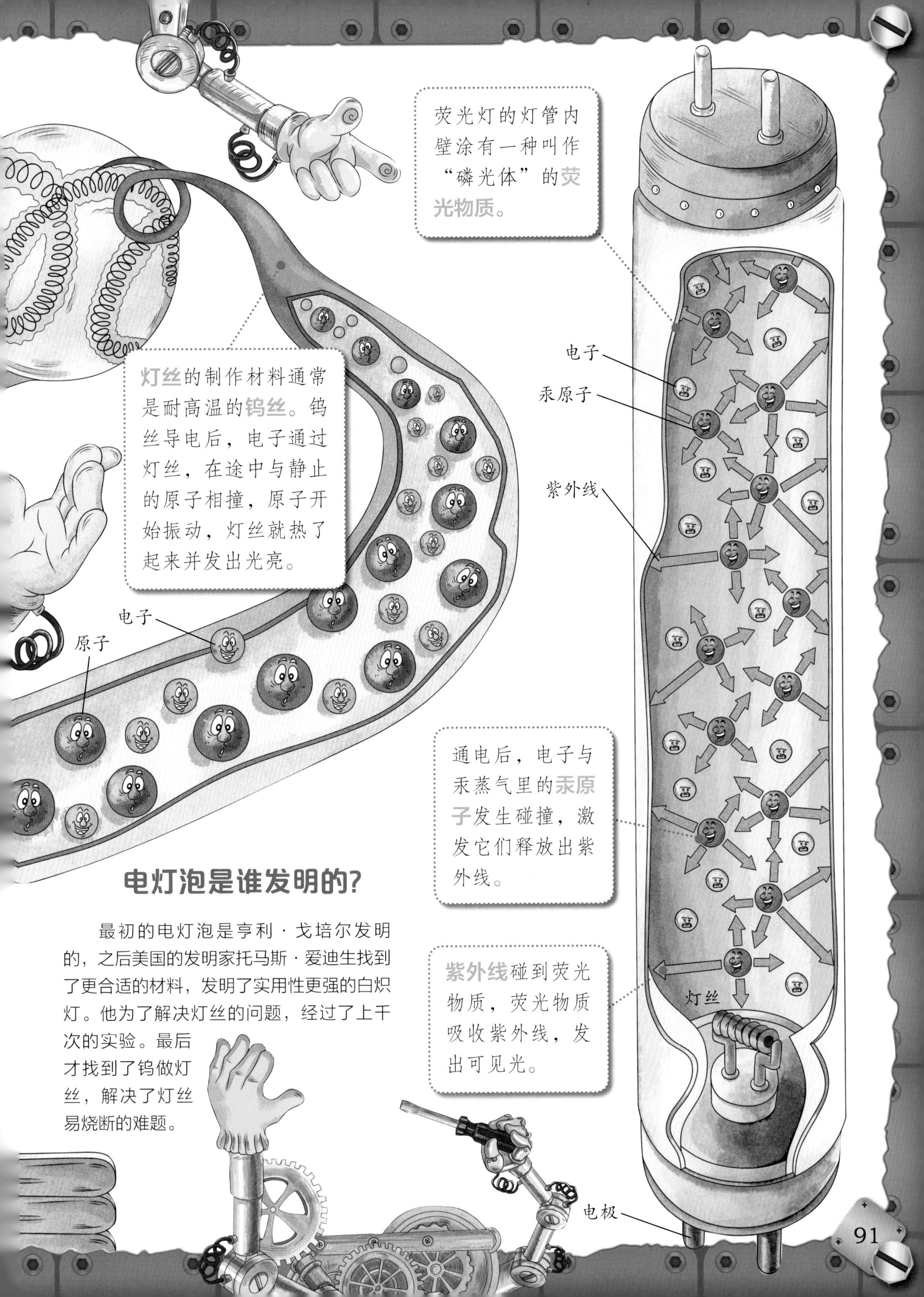

电灯泡是谁发明的?

最初的电灯泡是亨利·戈培尔发明的，之后美国的发明家托马斯·爱迪生找到了更合适的材料，发明了实用性更强的白炽灯。他为了解决灯丝的问题，经过了上千次的实验。最后才找到了钨做灯丝，解决了灯丝易烧断的难题。

潜望镜

水下航行的潜艇怎样才能观察海面上的情况呢？要使用潜望镜。潜望镜是根据镜子的反射原理制成的。光照射到物体上，被反射到平面镜上，平面镜又将光反射到我们的眼睛里。我们看到镜子中物体的影像，其实它是虚像，这个虚像是左右颠倒的。而潜望镜是用两面镜子成像，第二面镜子可以把所成的像再次左右颠倒，就得到了正像。这就是潜望镜成像的原理。

潜望镜的一面镜子接收来自物体的光，反射给另一面镜子，这面镜子将光线再次反射，传入人的眼睛。

潜望镜可以观察到各个角落的情况。处于水下航行状态的潜艇观察海平面和空中情况的唯一手段便是借助潜望镜。

大多数潜艇都安装有两部潜望镜：**攻击潜望镜**和**观察潜望镜**。攻击潜望镜用于发现和瞄准水面的目标，观察潜望镜用于观察海、空情况和导航。

单反相机

单反相机中的“单反”是指单镜头反光取景系统。在相机中，反光镜和棱镜的巧妙设计，使得摄影者可以通过取景器，直接观察镜头里的影像。

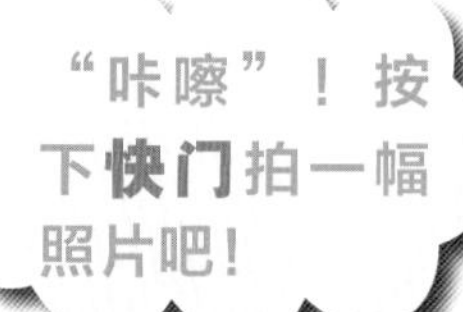

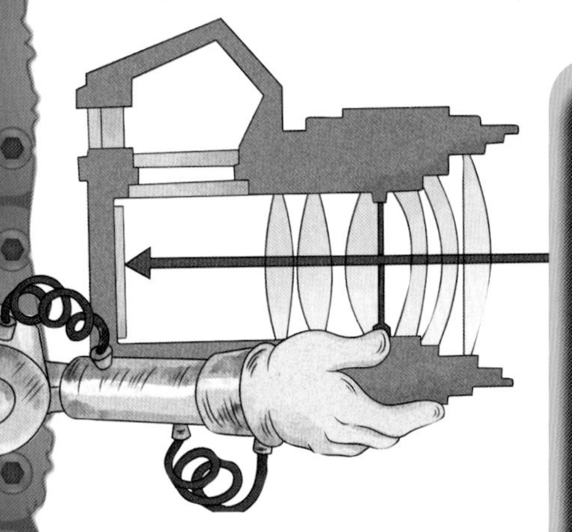

单反相机拍照时，首先必须要透过观景窗对准镜头的焦距；之后调整光圈口径的大小，来控制光线进入相机；最后调整好快门的速度，按下快门，光线和图像通过镜头进入传感器，传感器将光学影像转化为数字影像显示在显示屏上。

光线透过镜头到达反光镜后，反射到上面的**对焦屏**并形成影像，透过**五棱镜**，我们可以在取景器中看到景物。

按下快门前的状态

调节光圈可以控制进入镜头的光线。光圈越大，进入的光线就越多。

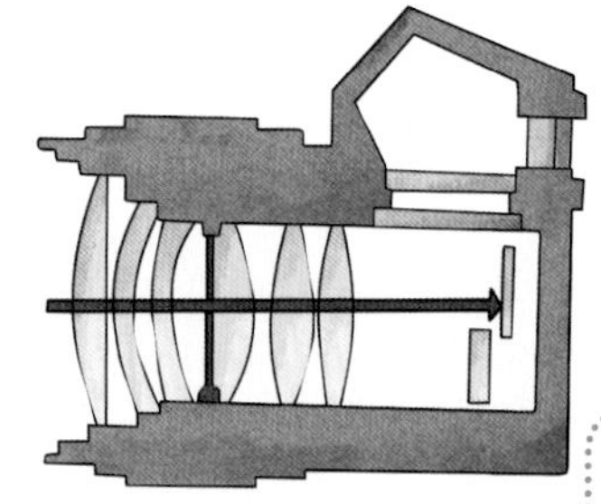

按下快门后的状态

AF检测器测知拍摄距离,实现自动对焦。

传感器的工作原理

传感器上的感光元件会过滤光线并将光线分析成三种颜色。感光单位接收相应的颜色后放射出对应的可变电流。电流随后会转化成数字信号，图像上的每个像素点都会根据自己的位置和颜色转化成相应的信息编码。

全息摄影

看！这是一张三维的立体画，它是摄影作品，你们信不信？没错，这个立体画就是摄影的作品，是全息摄影技术拍摄的。全息摄影能拍摄出三维立体图像，它由激光来完成。激光发出的光束分为两束：物光束和参考光束，这两种光束会联合在感光胶片上，制造出独特的干涉图像信息，经过显影后，感光胶片就变成了全息相片，物体的三维影像就被呈现出来了。

全息摄影技术实际上用的就是光的干涉性。光的干涉性是指两束光在空间中相遇时叠加到一起，某些部分变得很亮，某些部分则会变暗，形成明暗交替的“干涉条纹”。

激光束扩散器：激光束被扩散后，可以照亮物体。

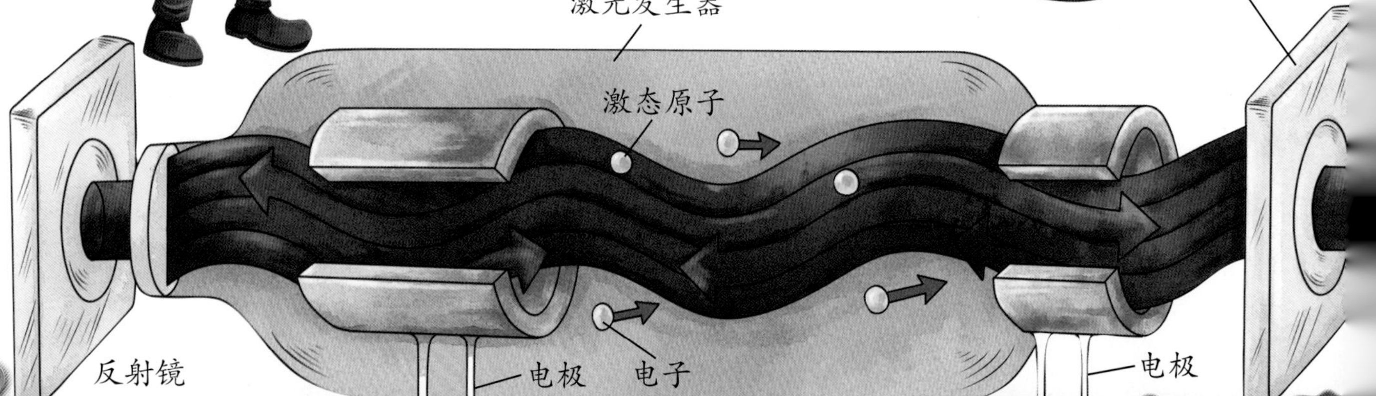

激光束扩散器
反射镜
镀银的半透明反射镜
激光发生器
激态原子
反射镜
电极
电子
电极

反射式全息相片

反射式全息相片的干涉图保留在相片感光乳剂的涂银层里。观察者在普通光线下可看见全息相片的后面有一个三维的物体影像。这是因为普通光照在全息相片上时，光线穿过干涉图案后又被反射了。

铜管乐器

铜管乐器以铜为材料，由弯曲的长管组成，是通过长管中空气柱的振动发出声音的。演奏者在乐器的吹口处吹气时，嘴唇的振动引起整个管中空气柱的振动，用手指堵住乐器的某些孔，或操控乐器的活塞，就可以改变管中空气柱的长度，从而让乐器发出美妙的声音。

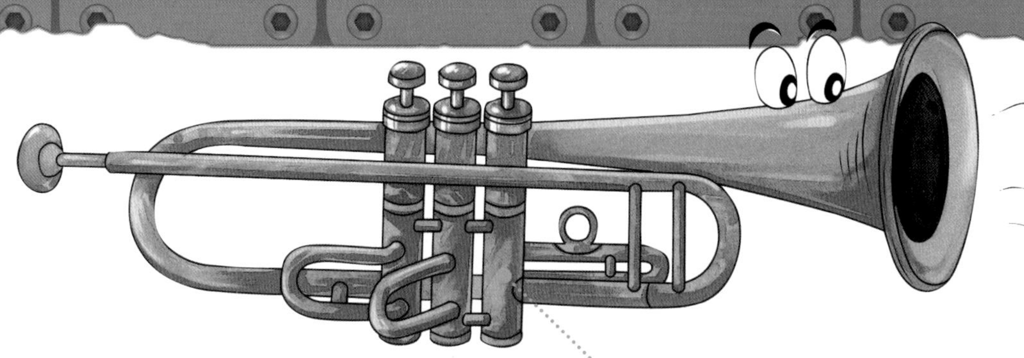

喇叭口式管口可以使声音扩大，如果在管口放置一个弱音器，声音强度就会随之减弱，音色也会改变。

小号有3个活塞，按下后打开管子的延伸段，就能奏出不属于和声的音调，将这3个活塞进行不同的组合，可以演奏出6个不同的音调。

萨克斯管

萨克斯管也是由黄铜制成，像一个大大的烟斗。它是用单簧片吹奏，单簧片会使管体内的空气柱振动。

按键通过连杆连在一起，它们可以控制音孔的开闭。萨克斯管上有18～21个由按键组成的音孔。

通过开闭音孔，演奏者就能够改变管体内的空气柱长度了。

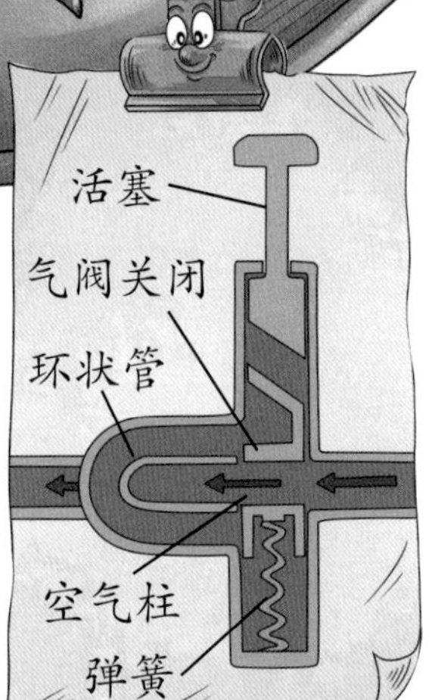

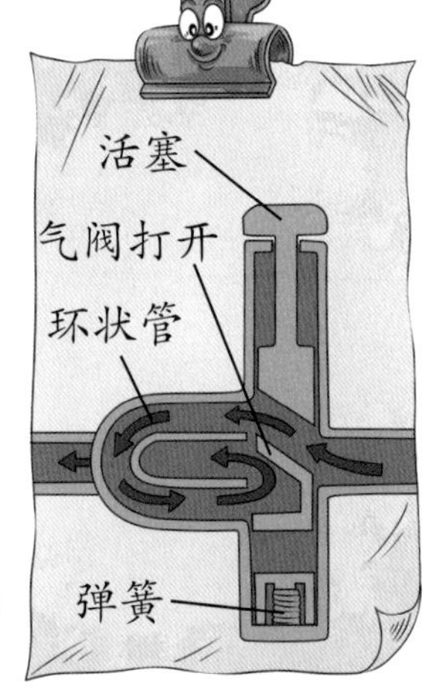

活塞的作用

小号的每个气阀都与一个环状管相通。平时，弹簧顶起活塞，气阀关闭，并遮断环状管。当活塞按下时，气流被转向，导入环状管。

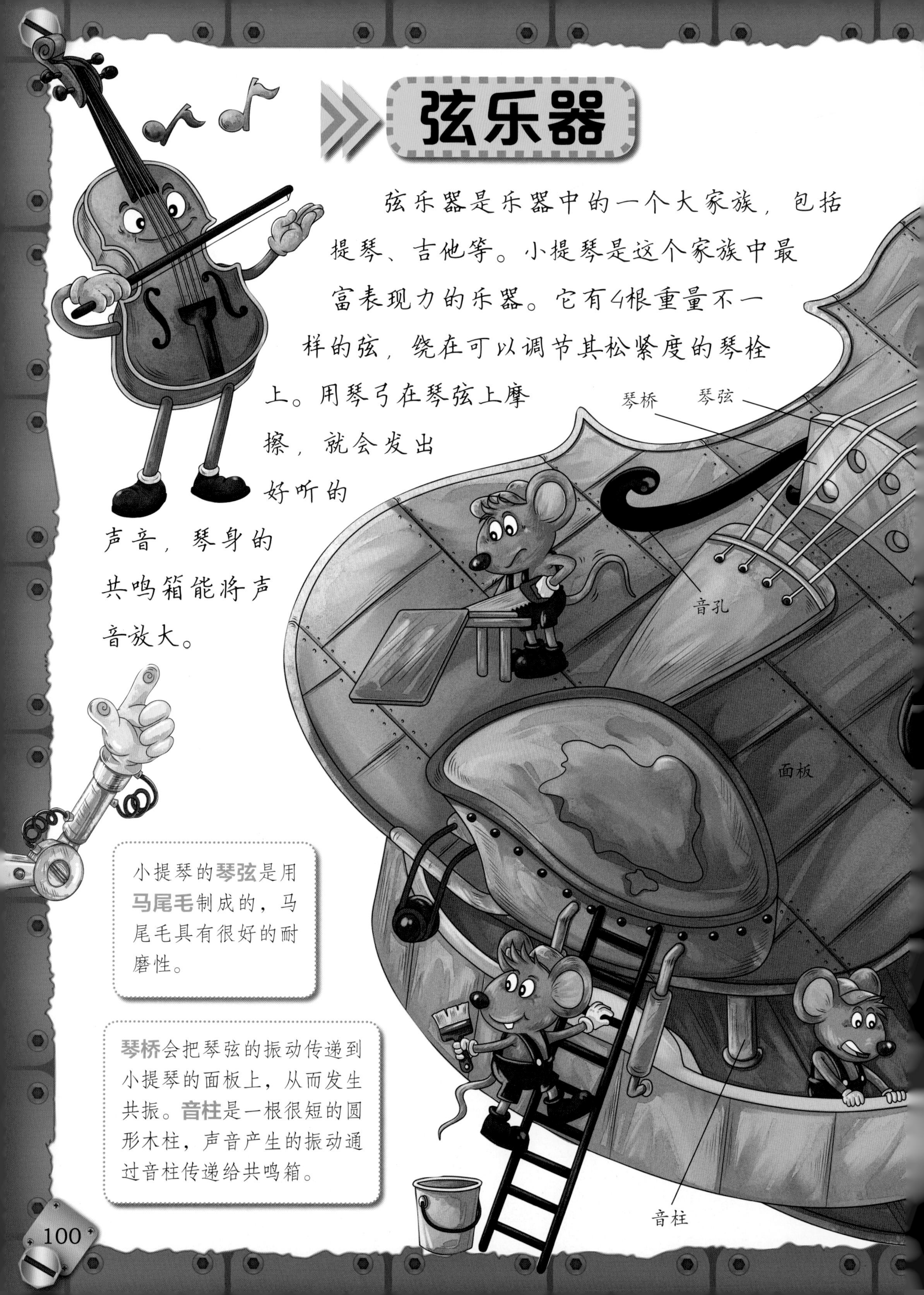

弦乐器

弦乐器是乐器中的一个大家族，包括提琴、吉他等。小提琴是这个家族中最富表现力的乐器。它有4根重量不一样的弦，绕在可以调节其松紧度的琴栓上。用琴弓在琴弦上摩擦，就会发出好听的声音，琴身的共鸣箱能将声音放大。

小提琴的**琴弦**是用**马尾毛**制成的，马尾毛具有很好的耐磨性。

琴桥会把琴弦的振动传递到小提琴的面板上，从而发生共振。**音柱**是一根很短的圆形木柱，声音产生的振动通过音柱传递给共鸣箱。

小提琴

枫木可以还原出最自然的声音，所以，大多数的小提琴是用枫木制成的。小提琴的琴弓通常是用马尾毛制作的。演奏者用手指按住琴弦时，可以用琴弓拉出不同的音调，也可以像弹吉他一样拨动小提琴的琴弦，这种演奏方法被称为拨奏。

电吉他

电吉他是弦乐器里的“另类”，它的发声原理与传统吉他不同，电吉他没有共鸣箱，它是通过拾音器来传递声音的。当电吉他的琴弦振动时，拾音器可以把微弱的声波转化成电子信号，它的线圈会产生不同频率的电流，这些电流被放大器放大，再经过音箱还原，就成了电吉他的声音。

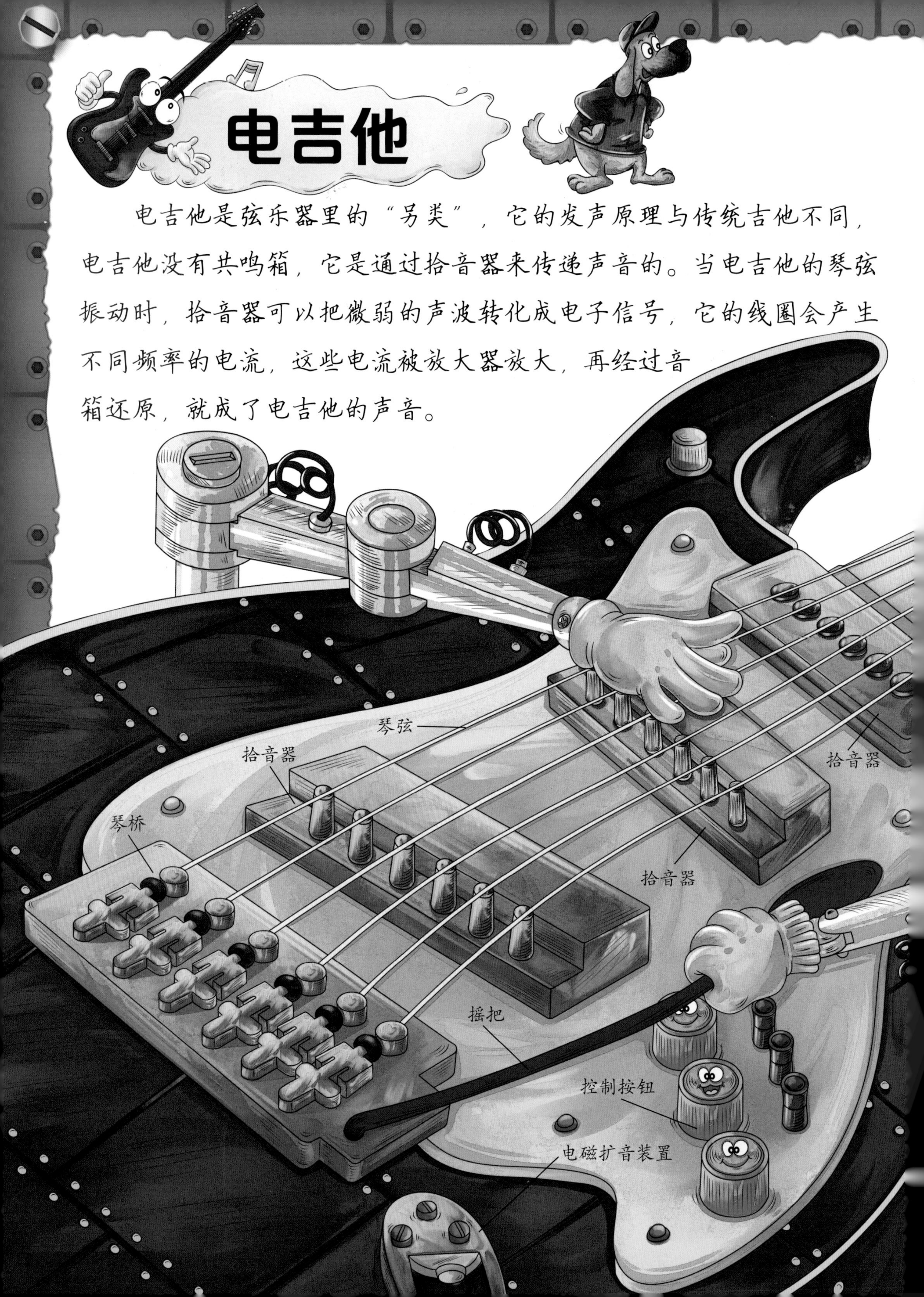

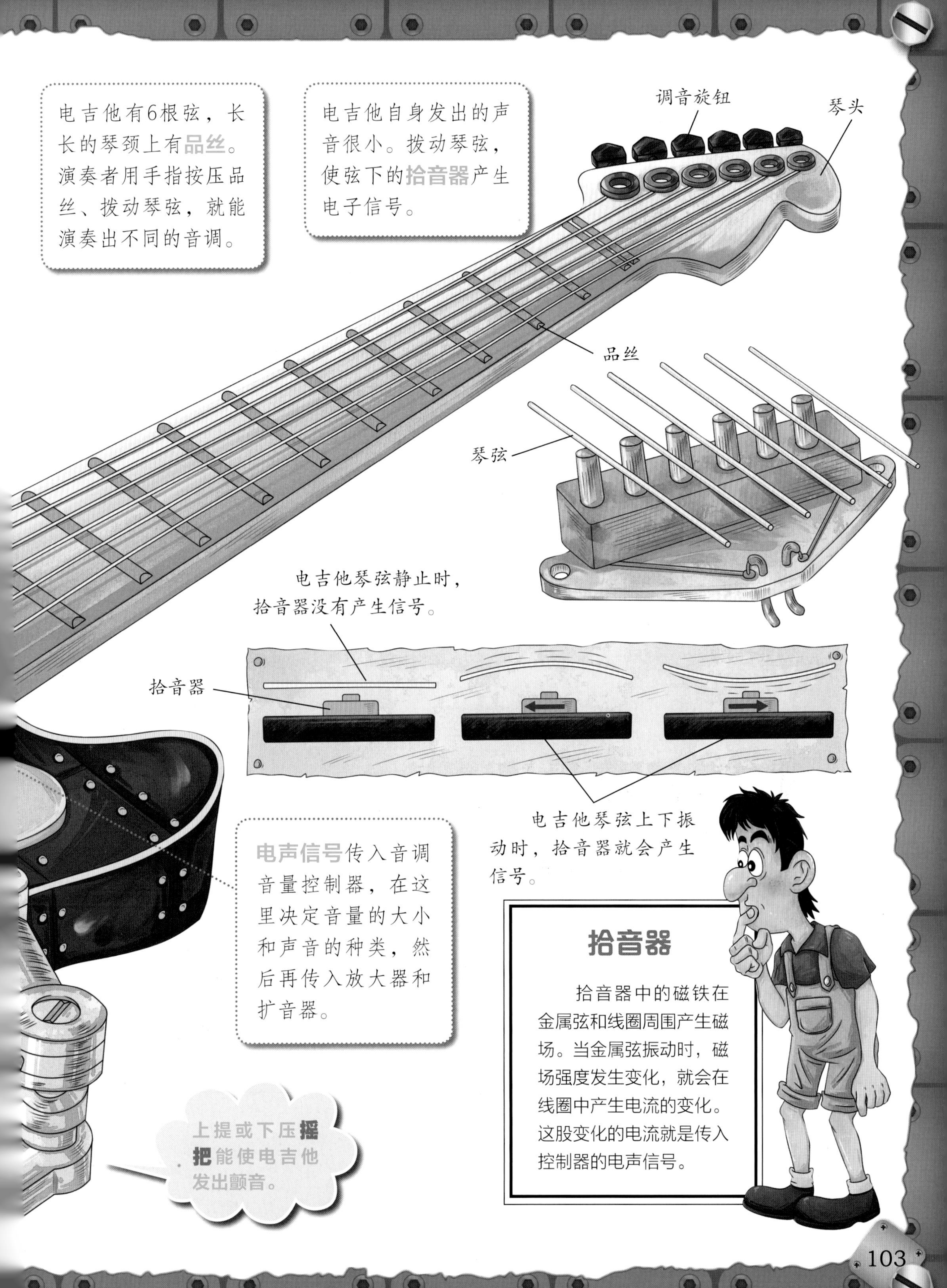
电吉他有6根弦，长长的琴颈上有品丝。演奏者用手指按压品丝、拨动琴弦，就能演奏出不同的音调。
电吉他自身发出的声音很小。拨动琴弦，使弦下的拾音器产生电子信号。
调音旋钮
琴头
品丝
琴弦
电吉他琴弦静止时，拾音器没有产生信号。
拾音器
电吉他琴弦上下振动时，拾音器就会产生信号。
电声信号传入音调音量控制器，在这里决定音量的大小和声音的种类，然后再传入放大器和扩音器。
拾音器
拾音器中的磁铁在金属弦和线圈周围产生磁场。当金属弦振动时，磁场强度发生变化，就会在线圈中产生电流的变化。这股变化的电流就是传入控制器的电声信号。
上提或下压摇把能使电吉他发出颤音。

麦克风

麦克风是什么？它就是我们唱歌时使用的话筒。麦克风能将声音信号转换为电信号，电信号的电压由声波的压力决定，也就是由音量决定，电压变化的频率由声音的频率决定。不过，麦克风本身不能放大声音，它要与放大器连在一起，才会产生很大的声音。

电容麦克风

电容式麦克风较为普遍，它是利用电容大小的变化将声音信号转化为电信号。这种麦克风体积很小，效果很好，价格也很便宜。

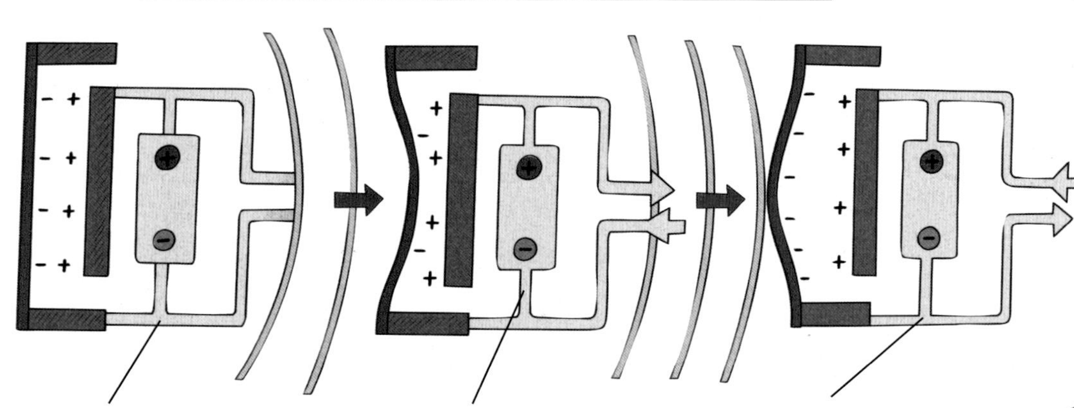

没声音时：电池在薄膜和固定电极板上产生等量的电荷，没有电流产生。

声音在空气中产生压缩波时：薄膜向内移动，电极板吸引薄膜上的电子，输出信号中的电子流向薄膜。

声音在空气中产生稀疏波时：薄膜向外移动，薄膜上的电子互相排斥并流出，输出信号中的电子流向电极板。

振动的物体前后移动，在空气中产生声波，声波由相互交替的压缩波和稀疏波组成。

麦克风的核心部分是**膜片**。膜片通常是用塑胶制成的，薄而十分敏感。声波撞击到膜片上时，膜片很容易振动。
膜片的振动带动连接着膜片的线圈产生移动。
线圈每移动一次，在电磁铁中都会产生相应的电压。线圈移动的距离和速度使电压产生相应的变化，因此声波的模式(包括音量和频率)会以电压的模式被复制出来。
电信号会以电磁无线电波的方式传播出去。
麦克风产生的电信号经混音器、放大器，最后输入扩音器。

扬声器

扬声器长得方头方脑，它的本领是将电信号转变为机械振动，从而产生声音。扬声器的喇叭上有一块振动膜片，振动膜片连接着电磁体的线圈，电信号经过复杂的过程，导致膜片和线圈一起振动，从而带动周围空气的振动，这样就产生了声音。

优质的扬声器是由一个低音扬声器、一个中音扬声器和一个高音扬声器组成的。

放大器输出的信号进入扬声器的**线圈**。这个线圈位于环形永久磁铁产生的磁场中。

号筒式扬声器

号筒式扬声器实际上就是在普通的动圈结构扬声器上安装了一个号筒。它起源于留声机，是由振膜推动位于号筒底部的空气工作的，因为声阻很大，所以效率非常高，但号筒的形状与长度都会影响它的音量和音质。

静电式扬声器

静电式扬声器也有一块会振动的膜片，能输入强大的电荷。由放大器输出的电压信号经变压器放大，再输入膜片两边的两个带孔薄板上，形成静电磁场，静电磁场引起膜片振动并发出声音。

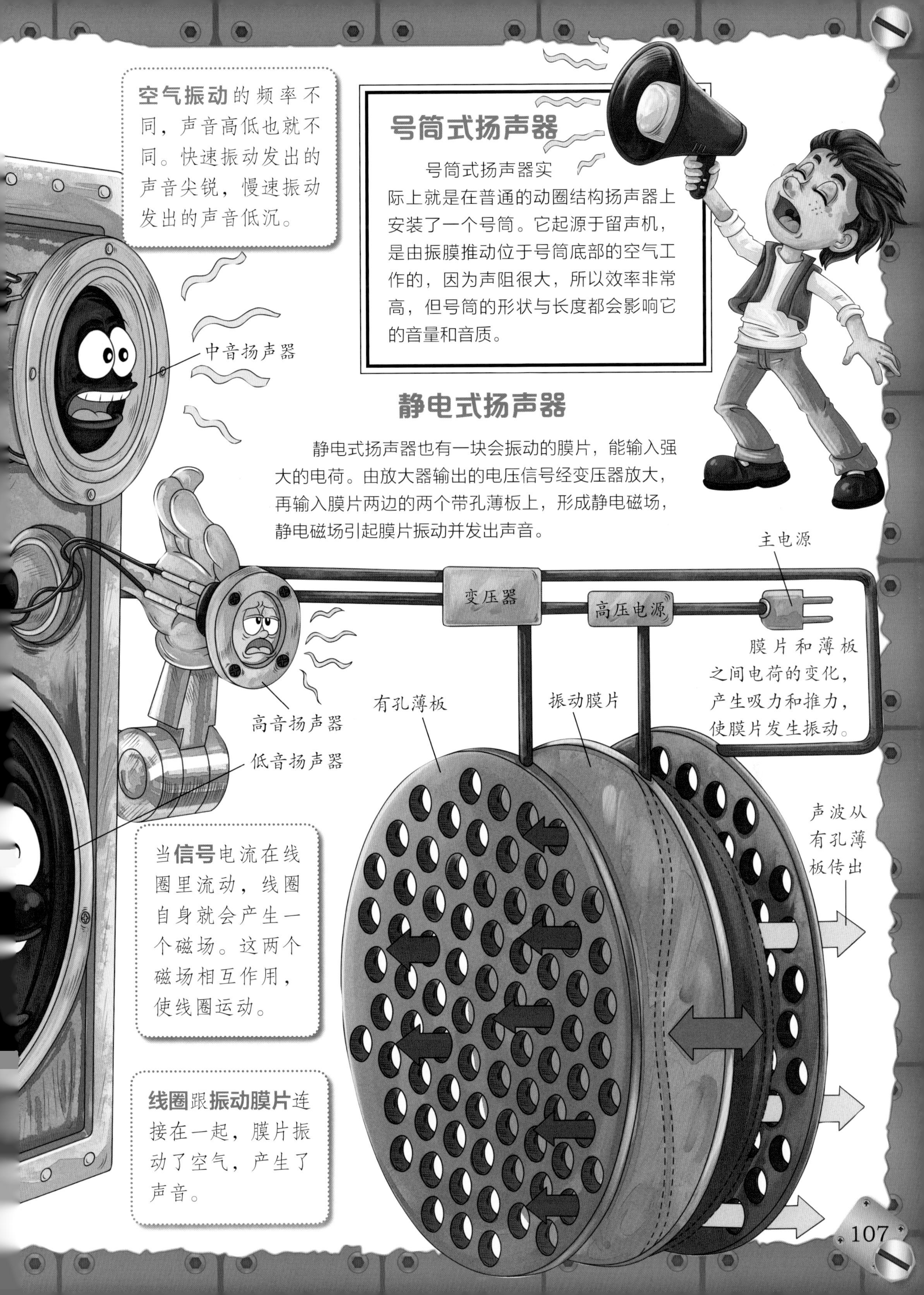

随身听

现在，人们都用智能手机来听歌，随身听在市场上已经很少见了。虽然随身听是已经过时的东西，但是，它可以让我们很好地了解声音的科学。在我们讲解它之前，先了解一下它的历史吧。

随身听出现以前，人们只能选择在室内听歌，轻便的随身听改变了人们欣赏音乐的方式，虽然它只有手掌大小，却可以使人们听歌时不再受场地限制。下面，我们一起到随身听的内部，探究一下里面的科学吧！

插入**磁带**时，磁带卷的中心正好嵌在录音机的转轴上。按下播放键后，**磁头**和驱动装置就会贴在磁带上。磁带转动时，磁头会录下或播出声音。

音量调节键
耳机
磁带
磁头的铁芯上绕着线圈，成为电磁铁。两录音时组立体声电信号被放大，并输入到磁头中产生磁场，使磁带上的小磁粒磁化后重新排列，同时擦除以前的录音信号。
播放声音时立体声磁轨上的小磁粒产生立体声电信号，电信号被送往放大器和扬声器或耳机中，使声音重现。
消音头
铁芯
磁带
磁带盒中装有固定长度的磁带，磁带的每一面都录有立体声磁轨。

声呐系统

声呐，是利用声波对水下目标进行探测和定位的装置。声呐发出的声波能很容易地穿越海水，到达海底后再反射回来。因此，声呐的用途可多了，可以用来探测海底深度、海底的情况、寻找鱼群和搜索沉船等。

声波脉冲由船上的**传感器**发出，在水中传送并反射回来。

传感器

回音波由传感器拾取后，声呐系统便把声波反射回来的时间换算成物体与船之间的距离。

传感器是能将一种信号转为另一种信号的装置。声呐系统中的传感器安装在船身上，可以将电脉冲转为声波脉冲，同时再将返回的声波转换为电信号。这个过程就像麦克风与扩音器的组合一样。
回声测深
声波从750米深的物体处反射回来，需要1秒钟的时间。回音波会产生一个电信号，并送到荧幕显示器，回音波的时间差在显示幕上呈现出不同位置的光点。由此，我们便可以看到船下各种深度的截面图，并得到海底地形和鱼群分布等资料。
扫描声呐借着声呐波束以一定角度横扫海底，可以获得海底地形的影像。根据回音波的强度，电脑可以模拟海底地形的近似图像。
潜艇同样装有声呐系统。
声呐束可以向前方和两侧方向扫描。

超声波检查仪

大部分的超声波检查仪探头所得到的图像都呈现圆锥形。

超声波很神奇，它是一种人类听不到的声波，它的频率很高，反射能力特强。在医院，超声波检查仪就是利用了超声波的物理特性，通过超声波的反射、散射或透射，使人体内部组织、器官等在电脑上清晰地成像，这样，医生就能很好地诊断了。

超声波通常用于对人体多种组织、器官的检查，最普遍的应用是监测妊娠期胎儿的生长发育过程。

超声波检查仪由多个部件组成。其中最重要的部件就是超声波检查仪的**探头**。探头通常由3部分组成：陶瓷晶片，匹配层和减震器。

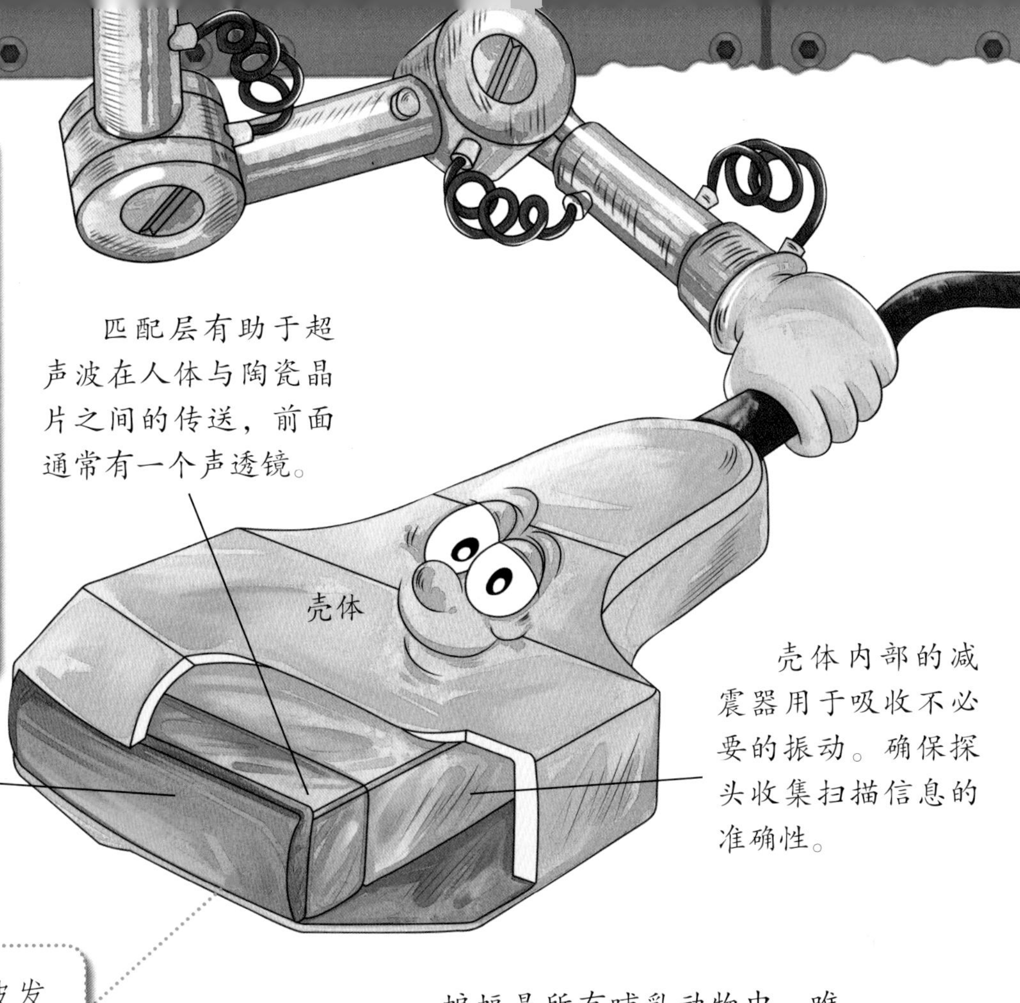

探头扮演着超声波发射器与接收器的角色。探头与电脑相连，电脑经过分析、处理收集到的超声波信号，将这些信号转化为可以在电脑屏幕上显示的图像。

蝙蝠的超声波

蝙蝠通过震动喉内声带，从口鼻部分发出超声波。当超声波遇到昆虫或障碍物而反射回来时，蝙蝠便可以用耳朵判断出目标是昆虫还是障碍物，以及相对的距离。这种探测目标的方式，叫作“回声定位”。蝙蝠耳朵内部的脊状结构十分复杂，这使它对声音和震动的敏感度大大增加。

声音合成器和混音器

广播中的电子音乐是怎样制作出来的？它通常是采用合成器来制作的，合成器利用电脑合成技术，将输入信息改变为音调、音量、速度等。键盘控制着电信号的电压或频率，从而确定声调，再从与合成器相连的扩音器中传出声音。

音乐合成器看起来特别像电子琴，但它比电子琴更加复杂。

合成器就像一个音色设计器，能将各种电子信号根据自己的需求调制出不同效果的合成音色。

合成器通过键盘来选择音高并启动音响，当键盘被按下，金属琴弦发生振动，磁场强度发生变化，就会在线圈中产生电流。这股电流就是传入控制器中的电声信号。

把电声信号**数字化**，由电脑控制，音色失真度会降低，模拟音色范围也会变大。

乐器数字接口（MIDI）键盘

MIDI 键盘与电子琴、合成器的样子很像，但它的作用明显不同。它是一个输出 MIDI 信号的设备，自带很多 MIDI 信号的控制功能，但它本身不会发出任何声音。MIDI 键盘可以配合音源和软件进行现场演出和音乐制作。它就像一个计算机键盘，可以连接不同的主机使用。

混音器

混音器能将不同来源的电声信号混合起来，并控制每个信号的音调和音量，产生良好的音响平衡效果，并将合成后的信号输入放大器和扩音器里。

混音就是将乐曲的每个声音通道拆分或组合，再分别施加不同的声音效果，然后在主声道中合并形成最终声音的过程。

电话

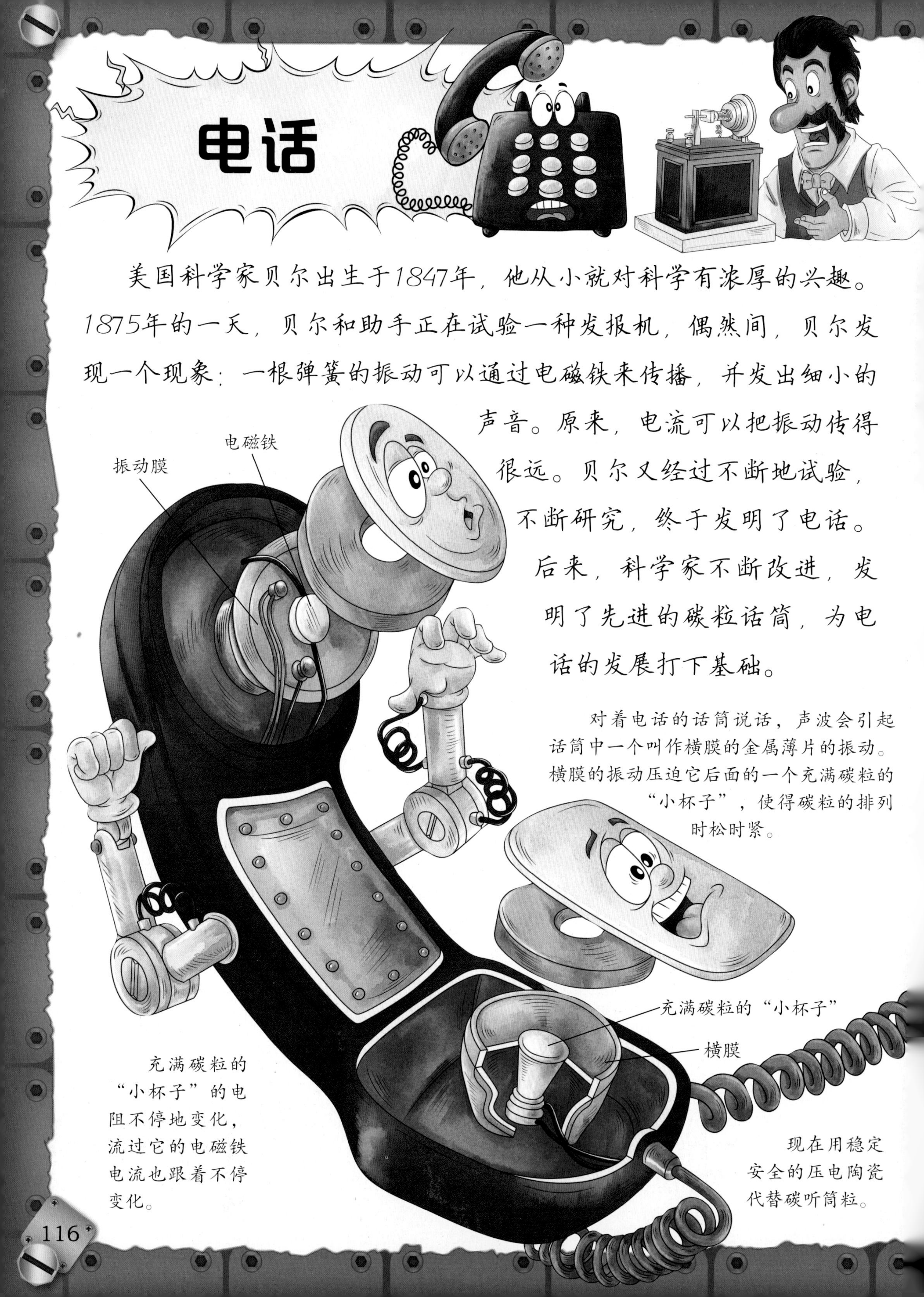

美国科学家贝尔出生于1847年，他从小就对科学有浓厚的兴趣。1875年的一天，贝尔和助手正在试验一种发报机，偶然间，贝尔发现一个现象：一根弹簧的振动可以通过电磁铁来传播，并发出细小的声音。原来，电流可以把振动传得很远。贝尔又经过不断地试验，不断研究，终于发明了电话。后来，科学家不断改进，发明了先进的碳粒话筒，为电话的发展打下基础。

对着电话的话筒说话，声波会引起话筒中一个叫作横膜的金属薄片的振动。横膜的振动压迫它后面的一个充满碳粒的“小杯子”，使得碳粒的排列时松时紧。

充满碳粒的“小杯子”的电阻不停地变化，流过它的电磁铁电流也跟着不停变化。

现在用稳定安全的压电陶瓷代替碳听筒粒。

手机通信

离使用手机者最近的天线会接收他发出的数据信号。通信讯号从一个无线基站进入另一个无线基站，之后来到呼叫中心，那里管理着所有的数据传输。呼叫中心根据网络状况选择最快的传输路线。数据随后被传送到抛物面天线，卫星接收数据并将其传送到固定网络的呼叫中心。数据到达呼叫中心后，最后再通过地下或空中的电缆被传输到手机上。

黑胶唱片机

1877年，美国发明家爱迪生发明了留声机，后来，经过几十年的不断改良，黑胶唱片机问世了，它播放的音乐更纯正，杂音更小。这种唱片机是通过唱针的震动，使唱头线圈产生电流信号，电流信号被放大器放大后，使扬声器的振动膜振动，从而发出美妙的音乐。

黑胶唱片机的驱动方式

①直接式驱动是由一个电动马达直接驱动转盘。电动马达一般由晶体振荡器提供时钟信号。早期的直接驱动唱片机都会有震动的问题，改良后用了防震材料使其转动变得更加稳定。

②皮带式驱动是用橡胶皮带连接马达和转盘，皮带驱动具有良好的稳定性，橡胶皮带可以吸收马达带来的震动。皮带式驱动的唱片机通常为高端唱机。

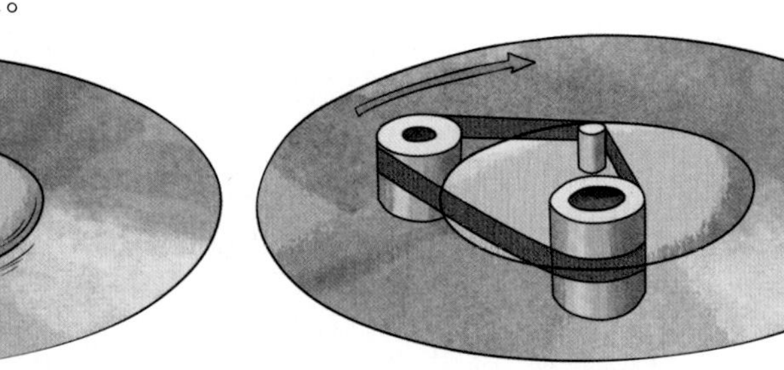

转盘是用来放置唱片的旋转圆盘。通常转盘越重产生的震动就会越小。转盘的驱动方式通常有两种：直接式驱动和皮带式驱动。

唱臂吊在唱片机上，唱臂上有带唱针的唱头，把唱针放在旋转的唱片上，提供顺畅的接触而没有横向移动。唱臂一般有自动和手动两种。
唱针放在唱片的凹槽上，随着唱片的旋转而振动。
唱头上有一块连接唱针的移动磁铁，当唱片上的凹槽引起唱针振动时，移动磁铁也跟着一起动，磁振动信号会在唱头转换成电信号，传输到唱臂，唱臂的电信号再传到**放大器**和**扩音器**上，变成声音。
唱头
唱针
放大器
扩音器
底座是支撑唱片机的基础，需要在播放黑胶唱片时提供稳定的支撑。底座的材料通常是塑料、金属或木制。较重的底座可以提供更好的稳定性。

回音壁

回音壁是个圆形建筑，它是北京天坛皇穹宇的外围墙。回音壁很神奇，如果一个人站在回音壁的墙下轻声说话，另一个人把耳朵靠近远处的墙，就可以清楚地听见对方的声音，而且说话的声音回音悠长。是不是觉得很不可思议？声音为什么会沿着圆形围墙传播呢？

这是因为回音壁应用了声学的传音原理。

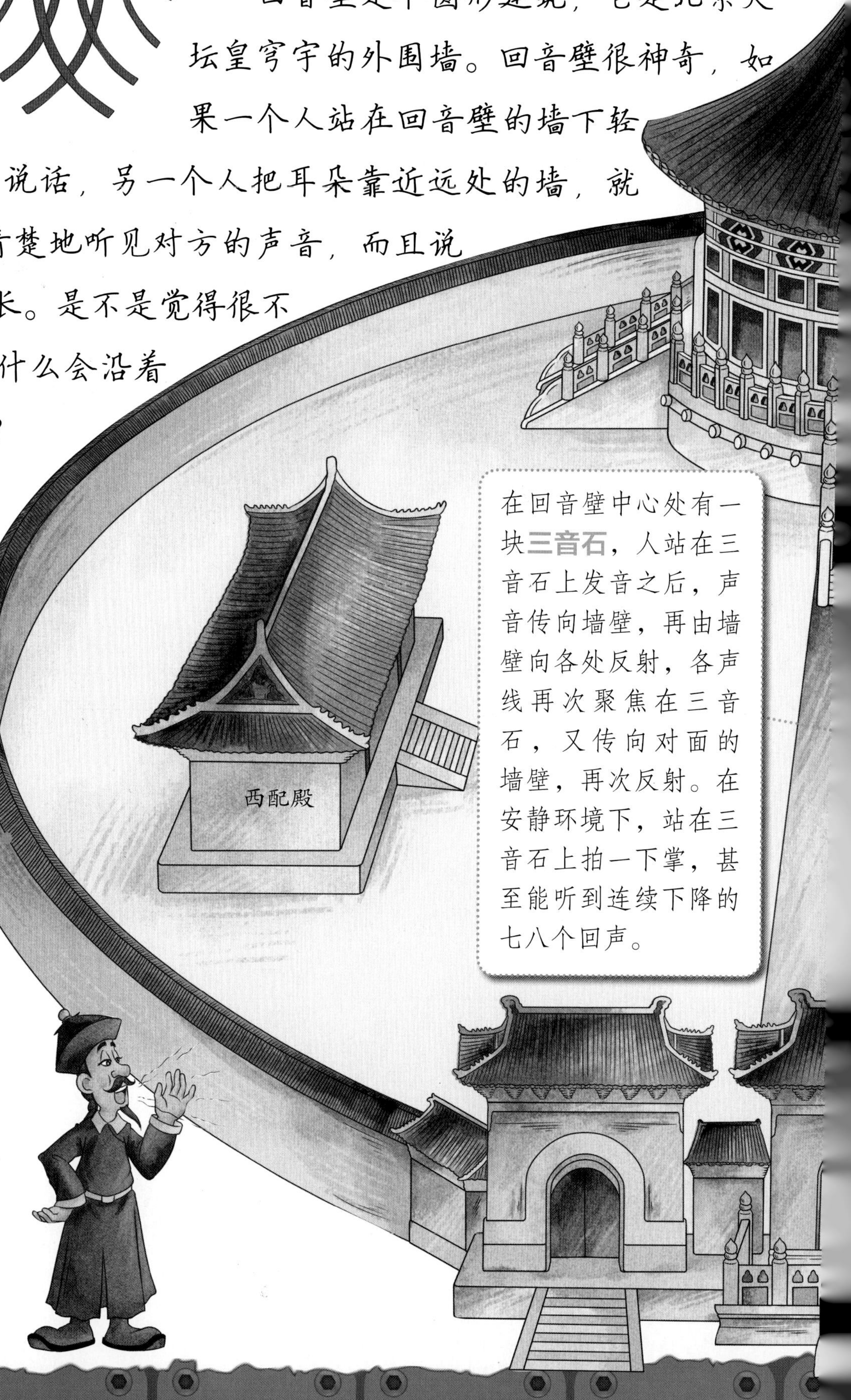

在回音壁中心处有一块**三音石**，人站在三音石上发音之后，声音传向墙壁，再由墙壁向各处反射，各声线再次聚焦在三音石，又传向对面的墙壁，再次反射。在安静环境下，站在三音石上拍一下掌，甚至能听到连续下降的七八个回声。

西配殿

围墙上覆盖着琉璃瓦，使声波不会发散消失，造成了回音壁的回音效果。

回音壁除了有墙壁面上的声道效应外，还有聚焦效应。

皇穹宇和回音壁

皇穹宇院落位于圜丘坛外北侧，坐北朝南，圆形围墙，南面设三座琉璃门，主要建筑有皇穹宇和东西配殿，是供奉圜丘坛祭祀神位的场所。

当声音发出后，在某个角度以内的声波不完全发散，一直沿曲面经多次反射传给听者。回音壁的墙壁非常坚硬平滑，声音在壁上反射时几乎不受损失，所以声音很响。这声音是越靠近墙壁就越强，离墙壁越远声音就越弱，所以讲话者和听话者都要靠近墙壁。

声源到障碍物的距离是回声形成的重要因素。如果障碍物很接近声源，反射声波会回来得很快，与原来的声波混合，就没有回声。

如果障碍物在15米以外，那么反射声波就会在入射声波停止后才回来，那时便会听见仿佛从障碍物方向传来和原来一样的声音。

声波不仅直接可以传入耳朵，还会从附近的物体表面上反弹回来。耳朵听见的声音其实是直接声音和反射声音的混合音。

闪电与避雷针

云层里的每个小水滴，表面都带有正电荷或负电荷，通常正电荷集中在云层的上部，负电荷聚集在底部。由于受云层底部负电荷的吸引，大地上的很多正电荷都会跑到地面。正负电荷相互吸引，当这些电荷增加到一定数量时，吸引的力量就会很大，电荷会冲过空气，相互结合而产生放电的现象，这就是闪电。为了防止闪电击中建筑物，人们都会在高大的建筑上安装避雷针。

雷雨云的底部有强烈的**负电荷**区域，负电荷同时会使地面产生强烈的正电荷。

闪电的电压高达1亿伏特，温度高达3万摄氏度。

避雷针的针尖聚集有大量正电荷，当云层中电荷较多时，避雷针和云层之间的空气很容易被击穿，成为导体。而避雷针是接地线的，它很容易把云层上的电荷导入大地。

避雷针
极为强大的电场使空气**电离**，产生离子和自由电子。空气因此能够导电，**闪电**便划过天空。
雷声的产生
闪电时，产生的热量会加热周围的空气，空气受热后会迅速膨胀，并向外扩张，发出轰隆隆的声音，就是我们听到的雷声。
如果闪电击中了**避雷针**，强大的电流会沿着避雷针流入地面，而不会对建筑物造成损害。

磁的知识点

磁铁有很大的吸引力，能吸住很多金属。磁铁的周围有一种看不见的线，叫磁力线，磁力线是一种闭合的曲线，由磁铁的北极走向南极形成了磁场。磁场有南极和北极，一块磁铁的北极会吸引另一块磁铁的南极，而两个相同的极会互相排斥。

北极

南极

异极相吸

同极相斥

磁铁的成分是铁、钴等原子，它的**原子**有特殊的内部结构。由于电子在原子内旋转会产生磁场，所以，每个原子都是很小的磁铁，而这些无数的小磁铁就组成了我们看得见的磁铁。

条形磁铁是形状最简单的磁铁。**马蹄形磁铁**是条形磁铁**弯曲**后形成的，它的两个磁极靠得很近。
磁铁能吸引**铁、镍和钴等金属**，当这些金属接近磁铁时，它们的原子会重新排列，从而出现磁极。

电磁起重机

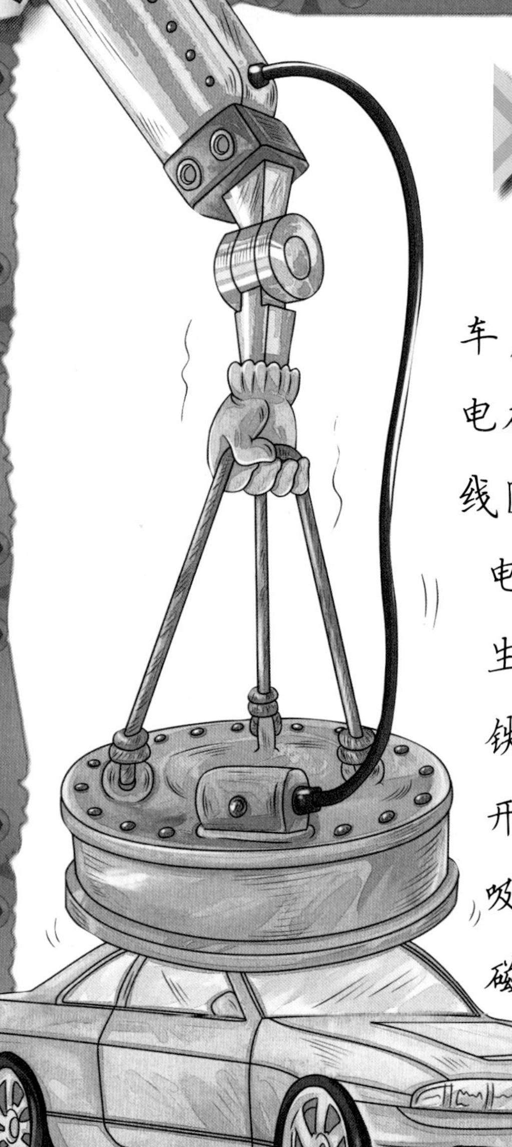

电磁起重机能轻松地提起报废的汽车，它的力气可真大，秘密就是它应用了电磁铁原理。电磁铁是将导线绕成螺旋线圈，套在一个铁芯外，导线通电后，电流通过线圈产生磁场，使铁芯磁化，铁芯就有了吸引力；断开电源后，磁场消失，吸引力也就消失了。电磁起重机就是利用这个原理搬运重物的。

悬吊钢缆

电磁吸盘

电磁起重机的主要部件就是**电磁铁**，电磁铁的铁芯一般选用容易磁化的材料。

电磁吸盘大部分都是圆形的，用来吸引重物。

电磁起重机靠线圈通电吸起重物，搬运到目的地后断电放下物品。为防止紧急停电时物品坠落，电磁起重机还需要有备用电源。

电磁起重机搬运的物品一般是含有铁、镍等金属的物品。

金属探测器

金属探测器可分为三大类，其中的电磁感应型金属探测器是利用电磁感应来探测金属物体的。这种探测器由两部分组成，即探测线圈和自动剔除装置，其中探测线圈为核心部分。线圈通电后会产生磁场，有金属进入磁场，就会引起磁场变化，传感器启动就会发出警报。

电喇叭

电喇叭并不陌生吧！它可以给大家讲好听的故事，播放动听的歌曲，那么，电喇叭发声的秘密是什么呢？

原来，电喇叭是利用电磁铁原理发出声音的。当电流通过线圈产生磁场，工程师使用巧妙的设计，使线圈里的铁芯上下运动，而铁芯与振动膜相连，随着振动膜的振动，电喇叭就发出声音了。

电铃是怎样工作的?

按下按钮时，电流经过线圈使电磁铁产生磁场，电磁铁有了吸引力，会把弹簧拉紧，使击锤敲打铃身，发出声音。

当击锤敲打铃身，触点打开，电磁铁中没有电流通过，磁性消失。击锤便离开铃身，于是触点又再结合。此时按钮仍处于被按下的位置，便会再次重复上面的过程，电铃就能不断地发出响声。

电动机

你们了解电动机吗？它在我们身边随处可见，飞机、汽车、洗衣机、剃须刀里都有个头大小不一的电动机。它是把电能转化为机械能，带动机器上其他部位工作的机器。电动机使用的电源可以是交流电源，也可以是电池。

电动机主要由导电线圈和磁铁组成，当线圈通电后，磁场对电流的受力作用使通电线圈产生旋转，再通过复杂的结构设计，使电动机的轴转动起来。

要想了解电动机更多的工作秘密，我们就一起去电动机的内部看一看吧！

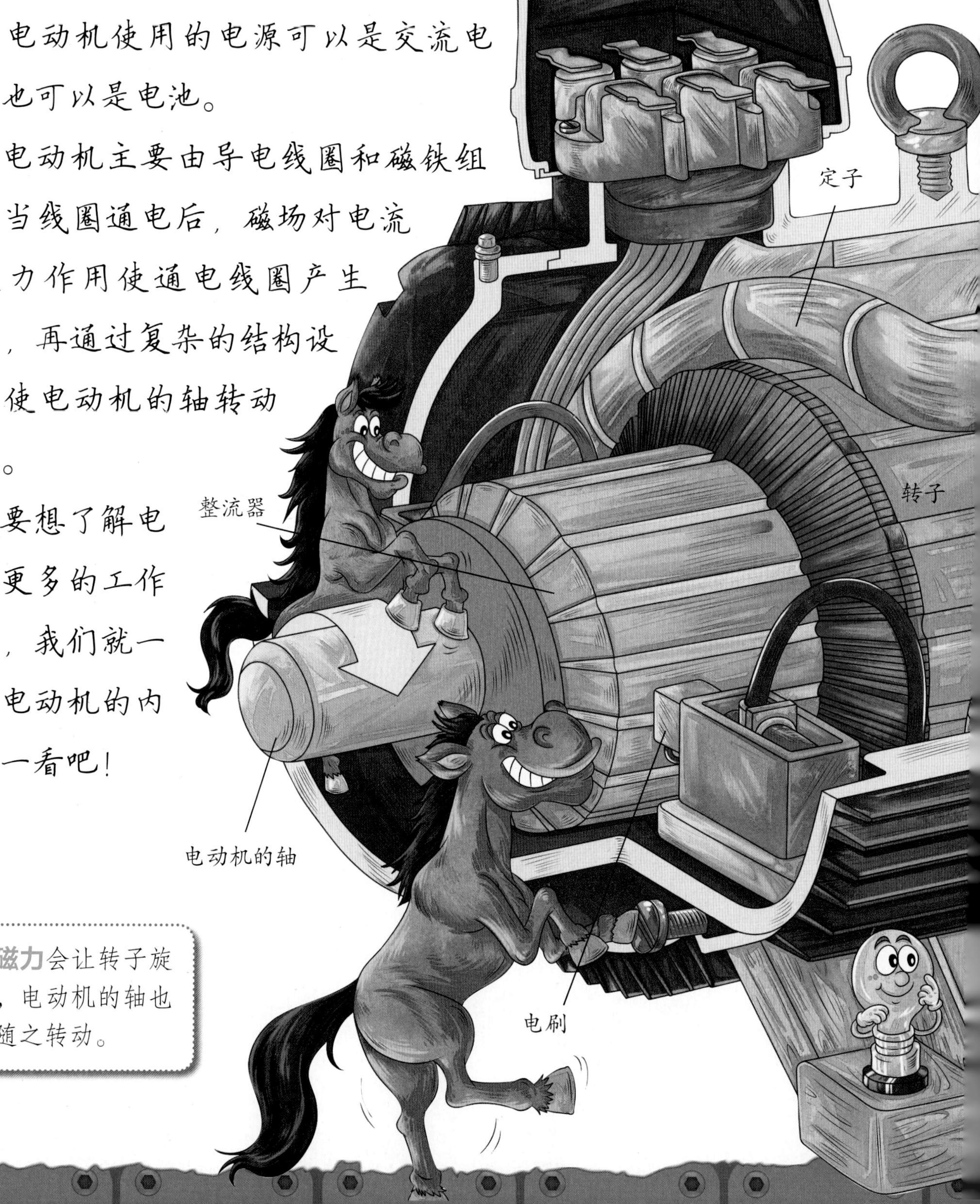

电磁力会让转子旋转，电动机的轴也会随之转动。

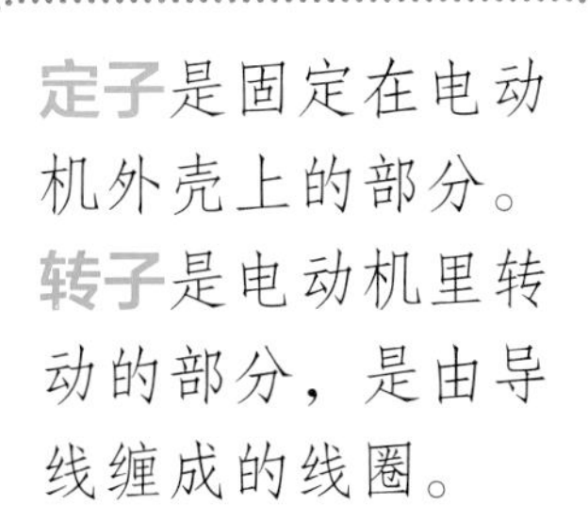

定子是固定在电动机外壳上的部分。**转子**是电动机里转动的部分，是由导线缠成的线圈。

直流电动机

电流通过磁场中的线圈时，在电磁力的作用下，线圈会旋转起来。每当线圈旋转半圈，电流的方向会发生改变。要使电流方向保持不变，就要利用整流子。将直流电输入线圈，使线圈在磁铁的两极间转动。线圈的磁场和磁铁的磁场交互作用，线圈转动就能够驱动电机的轴。

使用交流电时则恰好相反，转子线圈的磁场保持不变，定子磁场则不断地在变化。

磁铁
电磁力
线圈
磁力线
电磁力
整流子
电流方向

磁力线
电磁力
电磁力
整流子
电流方向

电动机使用直流电源时，定子磁场始终不变，转子线圈中的磁场则每转半圈便反转一次。

线圈每转半圈，**整流器**便使其中电流反向流动。这时，线圈磁场的方向也会反转，线圈才能持续转动。

通向电源的导线

安检门

我们坐火车、乘飞机时，都要经过安全检查。安检离不开安检门，安检门是个厉害的家伙，人们只要从它身体里经过，身上携带的金属物品就会被发现。哪怕只是一根小小的别针，它也会发出报警信号，安检门是怎样发现金属物品的呢？原来它是应用了电磁波原理。

行李安检机

行李安检机有一双“透视眼”——X光。背包或行李箱放在传送带上，经过X光的照射，会看到里面物品的形状和种类。X光机连接着电脑，会把看到的物体图像发送到电脑上，这样工作人员就能知道背包或行李箱里有什么东西了。

金属物品经过安检门的时候，接收器接收不到电磁波。这时，警报器就会发出警报声，表示出现了异常情况。

电磁波碰到金属物品后其能量会消失。

电磁波
金属物品
电磁波
电磁波
接收器
安检门周围1米内不能有大型金属物体，如铁门、电梯、大铁柱等。
安检门周围的电磁辐射微乎其微，不会对人体造成伤害。

供电系统

因为有了电，才有了电脑、冰箱、广播，才使我们的生活丰富多彩。那么，电是从哪里来的呢？我们通过火力发电，来了解一下电的来历吧！火力发电通过燃烧天然气、石油、煤炭等燃料，使水变成水蒸气，水蒸气转动涡轮机，涡轮机带动交流发电机发电，电再经过输电系统送到千家万户。

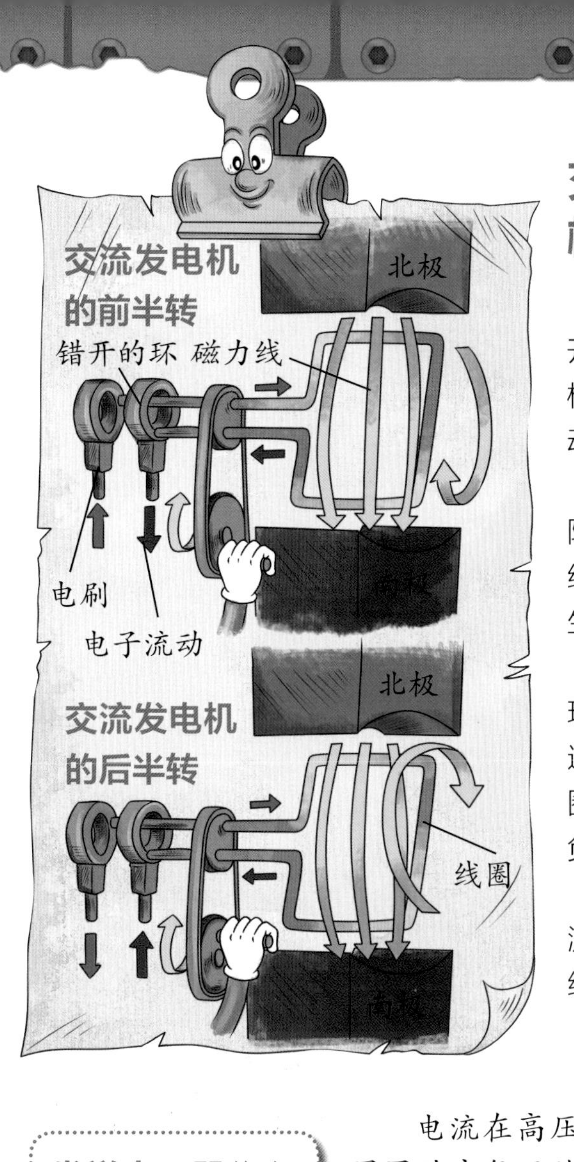

交流发电机是怎样工作的?

交流发电机有两个错开的环，分别与线圈的两端相连。线圈上的电流反向流动，电刷上就产生交流电。

部分线圈截切磁铁北极附近的磁力线，电子则沿着线圈向上流，错开的下环产生正电荷。

当线圈的相同部分转到现在位置，截切磁铁南极附近的磁力线，电子则沿着线圈向下流，错开的下环产生负电荷，使电流反向流动。

交流发电机所产生的电流反向的变化频率，取决于线圈的转动速度。

在电流到达每个家庭前，**家庭供电变压器**会将配电电压降到220伏特。

发送变压器将电压逐步提升为很高的电压，以减少能量的损失。

电流在高压状态时，会击穿周围的空气而放电。为了安全，高压电线总是悬挂在很高的铁塔上，并用绝缘体将电线与空气隔绝。

配电变压器能够将电压降到几千伏特，这些电将被直接送到工厂供高压机器使用或高速列车使用。

高压电线

发送变压器

配电变压器

汽车蓄电池

你们了解汽车蓄电池吗？它可以重复使用，那么蓄电池多次使用的奥秘在哪里呢？

蓄电池放电时，极板放入电解液中，发生化学反应，生成硫酸铅，同时释放电能，将化学能转化为电能。充电时，再将电能转化为化学能储存起来，使蓄电池恢复到原来的状态。由于充电、放电时的化学反应是可逆的，因此蓄电池可以重复多次使用。

铅酸蓄电池通常由6个电池组成，包含硫酸液，以及用铅做成的极板。

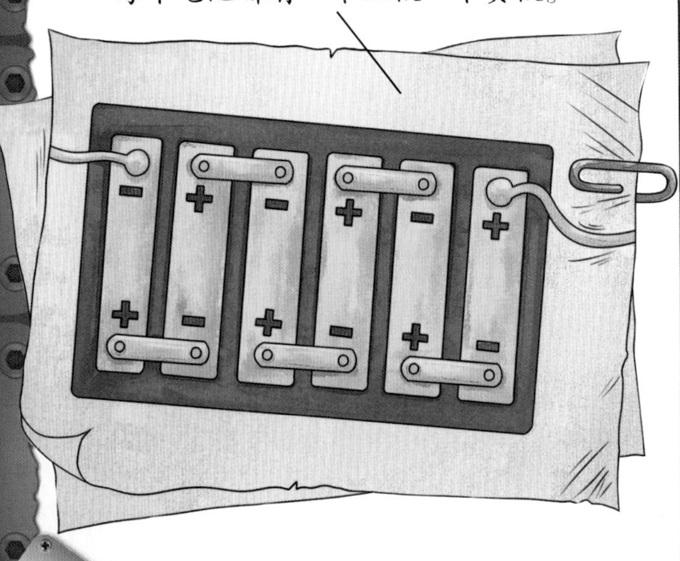

正极：蓄电池极板里的铅原子失去两个电子后，变成了带正电的铅离子。而硫酸溶液中的硫酸根离子是带负电的，因此铅离子和硫酸根离子发生化学反应，生成了硫酸铅。

电子流向

碱性锌锰干电池

碱性锌锰干电池有个金属外壳，它的正极带有一个正极帽。壳内与其紧密接触的是由二氧化锰和碳粉压制成的正极环。负极则是一根吸收电子的金属棒，正极环与金属棒之间用一种叫锌膏的物质填充。当电池的正、负极接通后，正极环和锌膏发生化学反应，从而产生电流。

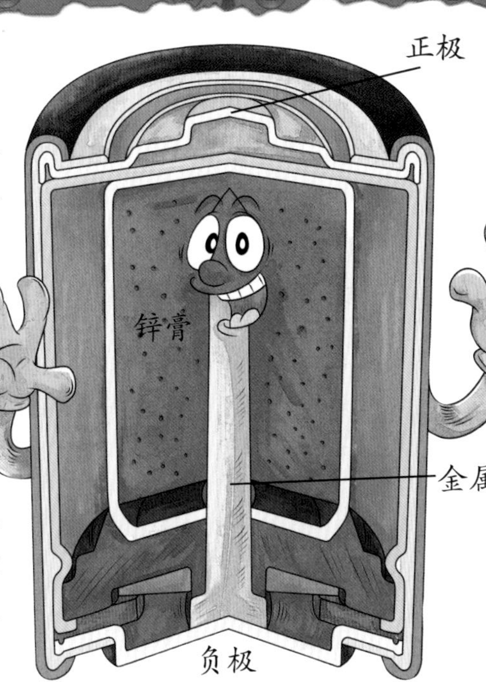

蓄电池的放电和充电

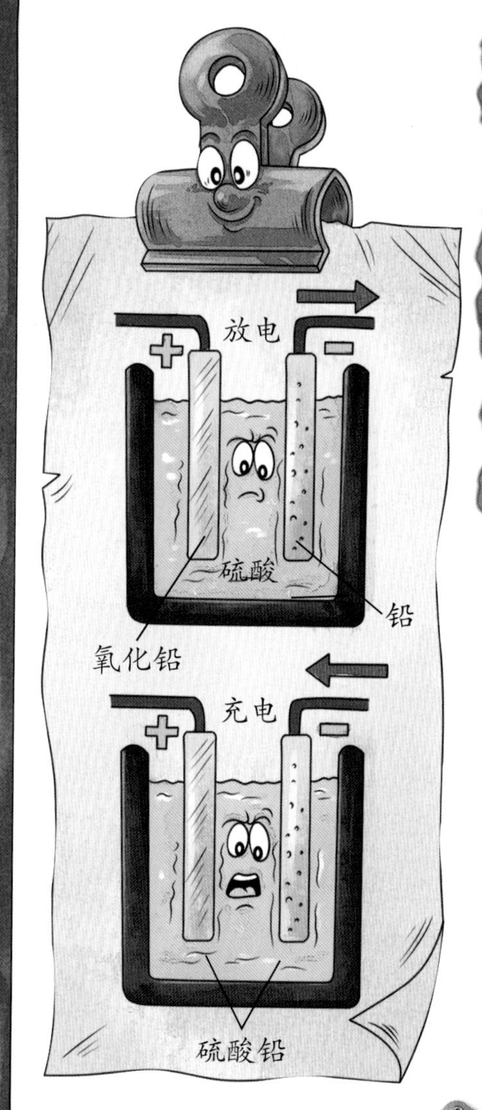

空气净化器

在头发上反复摩擦的塑料尺子，会把纸屑吸起来，这是静电的作用。人们利用静电原理制成的空气净化器，可以清除空气中的有害物质。这种净化器有个本领，能让空气中微小的粒子带上正电荷，然后利用正负电荷相互吸引的原理，让带有负电荷的滤网将这些粒子吸附住。

静电滤尘器由两块带有正负相反电荷的金属滤网组成，第一块金属滤网使微小粒子带上正电荷，第二块金属滤网带有负电荷，吸附粒子。

前置滤网的网眼非常小，粉尘、毛发等大颗粒物被它阻挡在外，起到了保护其他滤网的作用。

活性炭滤网

前置滤网

空气被吸入

净化后的空气被排出
装有活性炭的滤网可以吸收空气中的异味。
静电式空气净化器的缺点是能产生臭氧，臭氧达到一定浓度后，会对人体有害。新型的空气净化器还配备了除臭氧的过滤网，但这些过滤网需要经常更换。
净化后的空气被排出

复印机

复印机好像是个魔术师，可以把文件“克隆”成双胞胎，让它们长得一模一样。复印机这个神奇的本领，就是利用了静电原理，所以人们也管它叫静电复印机。静电复印机是如何工作的呢？让我们一起去了解一下吧！

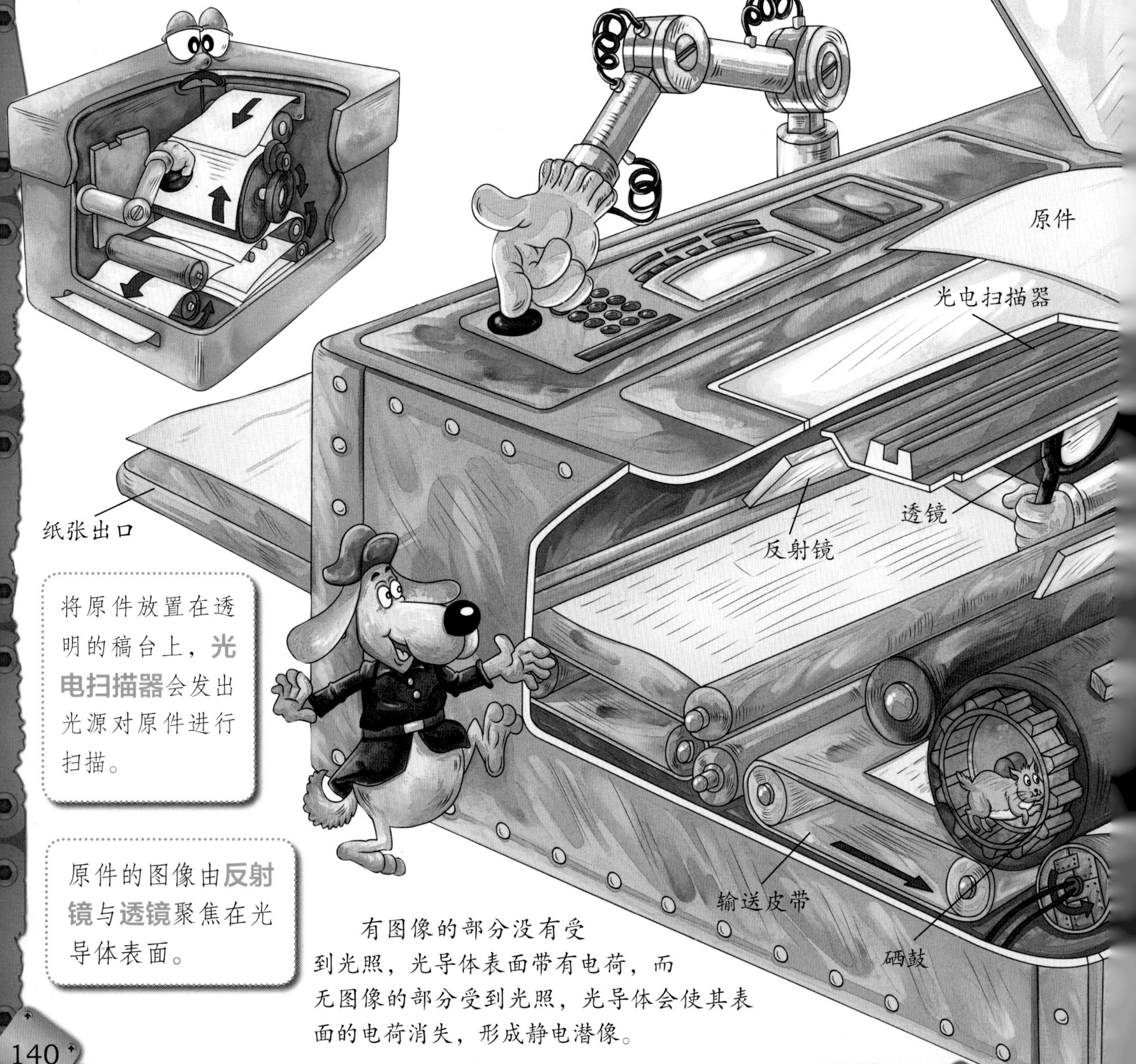

原件

光电扫描器

透镜

反射镜

纸张出口

输送皮带

硒鼓

将原件放置在透明的稿台上，**光电扫描器**会发出光源对原件进行扫描。

原件的图像由**反射镜**与**透镜**聚焦在光导体表面。

有图像的部分没有受到光照，光导体表面带有电荷，而无图像的部分受到光照，光导体会使其表面的电荷消失，形成静电潜像。

彩色复印机
①刚开始复印时，整个滚筒带负电荷。
②激光束射在滚筒上面，清除电荷。调色台的红色调色剂附在带负电荷的部分。
③滚筒上的红色调色剂移印到纸上，然后再印上蓝色、黄色和黑色。
④纸张通过另外两个调色台时，蓝色和黄色的像素加在红色上。加热辊将3种调色剂融合在纸上，制成印件。
⑤最后，黑色调色剂加在印了其他3种颜色的部分，影像就变得更加逼真了。
①
②
③
④
⑤
机盖
透明玻璃稿台
反射镜
进纸盘
滚轴
由于**静电原理**，光导体表面的墨粉图像会转印到复印纸表面。加热滚轴时，高温使硒鼓中的墨粉粘在纸上完成复印。

磁悬浮列车

有一种火车能悬浮在空中“飞行”，它就是磁悬浮列车。它的轨道是一块“巨大的磁铁”，列车底部也有“大大的磁铁”，磁铁同极相斥，磁悬浮列车就能够脱离轨道悬浮行驶，由于没有了列车轨道的阻力，它的行驶速度非常快。

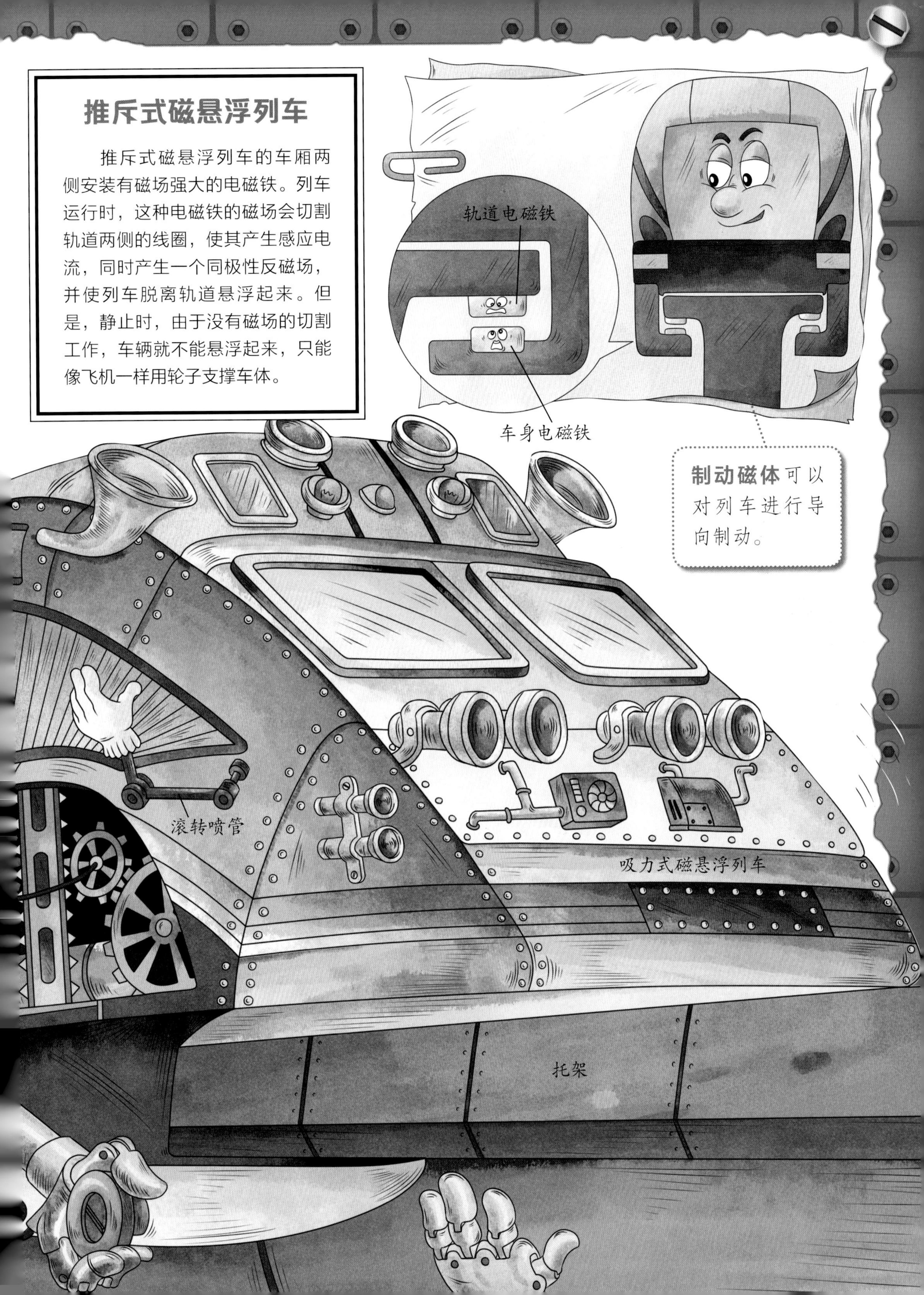

推斥式磁悬浮列车
推斥式磁悬浮列车的车厢两侧安装有磁场强大的电磁铁。列车运行时，这种电磁铁的磁场会切割轨道两侧的线圈，使其产生感应电流，同时产生一个同极性反磁场，并使列车脱离轨道悬浮起来。但是，静止时，由于没有磁场的切割工作，车辆就不能悬浮起来，只能像飞机一样用轮子支撑车体。
轨道电磁铁
车身电磁铁
制动磁体可以对列车进行导向制动。
滚转喷管
吸力式磁悬浮列车
托架

遥控器

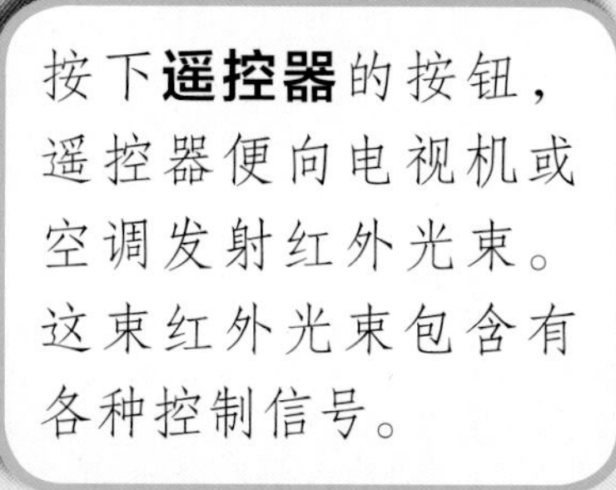

按下**遥控器**的按钮，遥控器便向电视机或空调发射红外光束。这束红外光束包含有各种控制信号。

大家看电视、开空调都离不开遥控器，为什么遥控器能控制电器呢？原来，它有个无线传输系统，能发出红外线，可以遥控远处的电器。遥控器的发射部分是个红外发光二极管，只要施加一定的电压，它就能发出红外线。

按钮

集成电路电板

解码器

红外发光二极管

控制信号是一系列电脉冲。电视机的接收装置检测到红外光束后，就会将其解码。

解码器是一片与光电二极管相连的集成电路。

二极管的工作原理

二极管只允许电流从单一方向流过，反向时阻断电流。

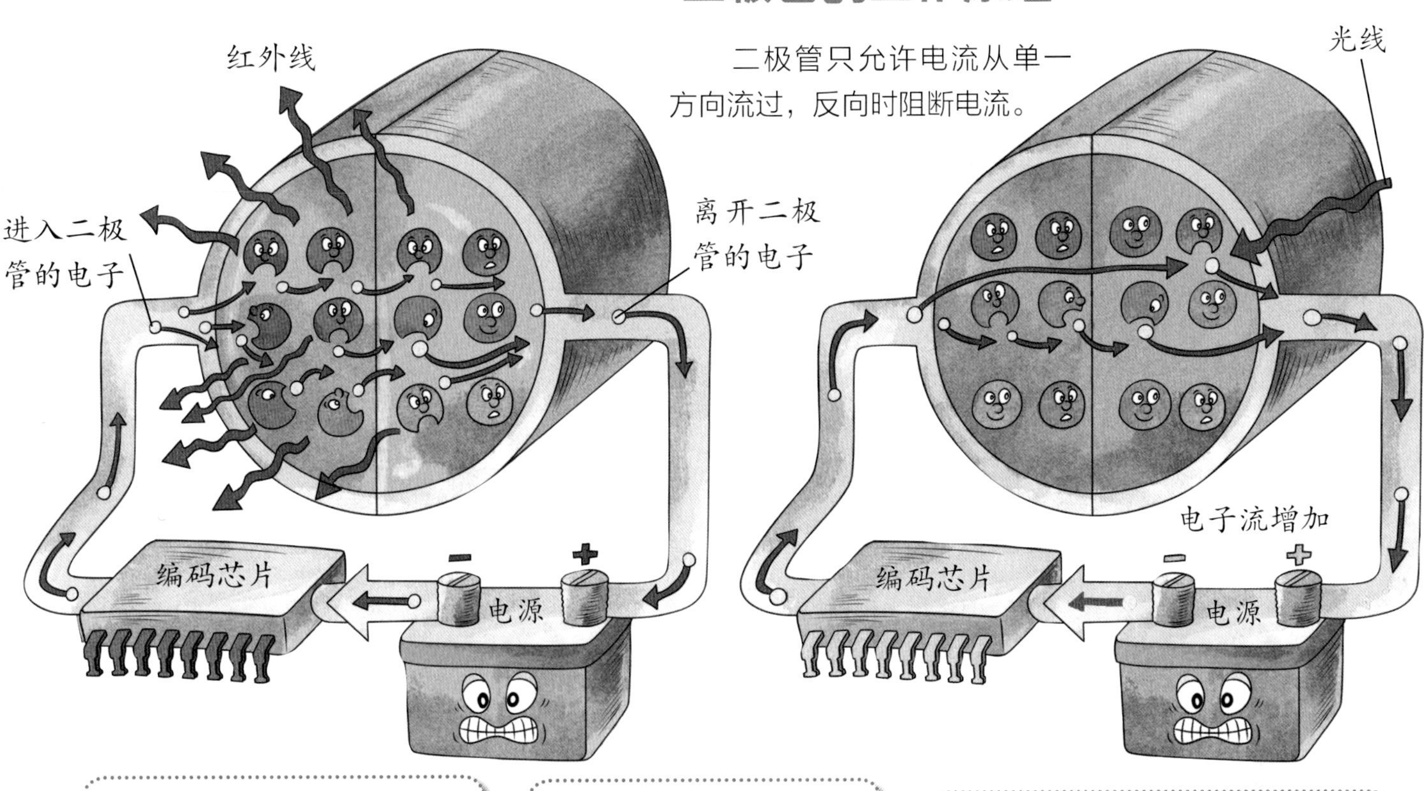

红外光束的发射与接收都需要二极管，而二极管在发射、接收装置中的工作方式正好相反。

发射装置：当按下遥控器按键时，信号就传送到了编码器，编码器将相应的一系列电脉冲传送到发光二极管。发光二极管再将信号发送到接收器。

接收装置：装置中有对红外线很敏感的光电二极管。当红外线照射到二极管时，二极管内就会产生大量的自由电子，电流就增强了，产生的电流信号被送往解码器。